Wissenschaftliche Entdeckungen

WISSENSCHAFT
UND
GESELLSCHAFT

Herausgegeben
vom Institut
für Wissenschaftstheorie
und -organisation
der
Akademie der Wissenschaften
der DDR
durch
Günter Kröber

Band 6

AUTORENKOLLEKTIV

Wissenschaftliche Entdeckungen

Probleme ihrer Aufnahme und Wertung

Herausgegeben in deutscher Sprache
von Lothar Kannengießer
und Günter Kröber

AKADEMIE-VERLAG · BERLIN
1974

Russischer Originaltitel:

Научное открытие и его восприятие
изд. Наука, Москва 1971

Ins Deutsche übersetzt von Karl König, Berlin

Erschienen im Akademie-Verlag, 108 Berlin, Leipziger Str. 3–4

Lizenznummer: 202 · 100/49/74
Gesamtherstellung: IV/2/14 VEB Druckerei »Gottfried Wilhelm Leibniz«,
445 Gräfenhainichen · 4278
Bestellnummer: 752 239 1 (2162/6) · LSV 0305
Printed in GDR
EVP 12,–

Inhaltsverzeichnis

Vorwort

„Die größte Schwierigkeit bei einer Entdeckung liegt nicht so sehr darin, die notwendigen Beobachtungen zu machen, als darin, sich bei ihrer Interpretation von den traditionellen Vorstellungen zu lösen. Seit Kopernikus die Bewegung der Erde und Harvey die Blutzirkulation erkannten, bis zu dem Zeitpunkt, da Einstein den Äther überwand und Planck das Wirkungsquantum postulierte, ging der wirkliche Kampf weniger darum, in die Geheimnisse der Natur einzudringen, als darum, die herrschenden Vorstellungen über den Haufen zu werfen, auch wenn diese zu ihrer Zeit geholfen hatten, die Wissenschaft vorwärts zu treiben.“[1] In diesen Worten J. D. Bernals wird die Bedeutung artikuliert, die der Bewertung einer neuen wissenschaftlichen Idee durch die Zeitgenossen ihres Entdeckers zukommt. Eine wissenschaftliche Entdeckung vermag in der Regel erst dann ihre ganze theoretische und praktische Fruchtbarkeit zu offenbaren, wenn sie allgemeine Anerkennung im Kreise nicht nur der Fachkollegen, sondern darüber hinaus der breiten wissenschaftlichen und gesellschaftlichen Öffentlichkeit gefunden hat. Besonders gegenwärtig, da unsere Anstrengungen der Beschleunigung des wissenschaftlich-technischen Fortschritts und der Verbindung seiner Errungenschaften mit den Vorzügen der sozialistischen Gesellschaftsordnung gelten, ist es für die rasche Nutzung neuer wissenschaftlicher Erkenntnisse in der gesellschaftlichen Praxis nicht unwesentlich, wie schnell eine wissenschaftliche Entdeckung von der Gesellschaft aufgenommen wird.

Wie ist der soziale und psychologische Mechanismus der Aufnahme einer wissenschaftlichen Entdeckung? Welche Hindernisse können sich ihrer adäquaten Bewertung und breiten Nutzung in den Weg stellen? Was lehrt uns die Geschichte großer Entdeckungen in bezug auf den Kampf um ihre Durchsetzung? Diese und andere aktuelle Probleme der Aufnahme wissenschaftlicher Entdeckungen behandelt ein von S. R.

[1] Bernal, J. D., Die Wissenschaft in der Geschichte, Berlin 1967, S. 25

Mikulinskij und M. G. Jaroševskij 1971 in Moskau herausgegebenes Werk sowjetischer Wissenschaftshistoriker und -theoretiker.[2] In ihm werden wissenschaftliche Entdeckungen als unabdingbare Momente des einheitlichen Prozesses von Erkenntnisproduktion und gesellschaftlicher Nutzung – speziell in der materiellen Produktion – gefaßt. Von besonderem wissenschaftstheoretischen und -organisatorischen Interesse sind dabei jene Untersuchungen, die über den sozialen Mechanismus der Aufnahme von Entdeckungen und dessen Wirkung auf die Entwicklung wissenschaftlicher Kenntnisse, auf die Persönlichkeit und die Tätigkeit des Wissenschaftlers angestellt werden. Neben den sozialen werden jedoch auch die sozialpsychologischen, individualpsychologischen, logischen, erkenntnistheoretischen und methodologischen Aspekte der Aufnahme wissenschaftlicher Entdeckungen untersucht, so daß von den Herausgebern und Autoren ein im Ganzen komplexes Herangehen an dieses Problem vorgestellt wird. Damit erscheint es berechtigt, von einem ersten relativ geschlossenen Werk der marxistisch-leninistischen Wissenschaftstheorie zur Problematik der wissenschaftlichen Entdeckungen und ihrer Aufnahme zu sprechen. Bisher – auch in der DDR – vorliegende Arbeiten marxistischer Autoren betrafen in der Regel nur spezielle Aspekte des Problems der wissenschaftlichen Entdeckung, vor allem ihre Beziehungen und Abgrenzungen zum gewerblichen Rechtsschutz, d. h. lediglich die juristische Seite des Problems.[3]

Das von S. R. Mikulinskij und M. G. Jaroševskij herausgegebene Werk zeichnet sich dadurch aus, daß die Problematik vorwiegend an Hand konkreten wissenschaftshistorischen Materials – das zum Teil bis in die Gegenwart reicht – analysiert wird. Dadurch wird das Buch insbesondere für die Geschichte, Soziologie und Psychologie der Wissenschaft interessant. Es hat aber auch aktuelle Bedeutung im Zusammenhang mit der Tätigkeit des RGW und mit Entwicklungstendenzen im Rahmen der Weltwirtschaft.

Es ist eine Aufgabe politischer Relevanz, neue wissenschaftliche Entdeckungen rasch und effektiv im Interesse der Entwicklung von Wirtschaft und Wissenschaft der RGW-Länder zu nutzen. In verschiedenen Mitgliedsländern des RGW genießen wissenschaftliche Ent-

[2] Naučnoe otkrytie i ego vosprijatije, hg. v. S. R. Mikulinskij und M. G. Jaroševskij, Moskau 1971

[3] Vgl. Serebrovskij, V. I., Der Rechtsschutz für wissenschaftliche Entdeckungen in der UdSSR, Berlin 1961; Antimonov, B. S., Fleischiz, E. A., Erfinderrecht, Berlin 1962; Boguslavskij, M. M., Internationale Rechtsprobleme des Erfindungswesens, Berlin 1963

deckungen bereits einen besonderen Rechtsschutz und werden nach Prüfung in staatliche Register eingetragen. Diese Registrierung fördert ihre breite gesellschaftliche Nutzung, da die Aufmerksamkeit der Wissenschaftler und Werktätigen auf diese anerkannten Entdeckungen gelenkt wird und der sozialistische Staat frühzeitig leitend und planend in den Verwertungsprozeß eingreifen kann. Im Ergebnis einer Beratung von Vertretern der Ämter für Erfindungswesen der RGW-Länder im Jahre 1972 wurde die Aufgabe gestellt, diese Fragen der Registrierung und Nutzung wissenschaftlicher Entdeckungen nunmehr auf multilateraler Grundlage zu regeln.[4] In diesem Zusammenhang muß auch auf die Entwicklung in der Weltorganisation für geistiges Eigentum hingewiesen werden. Diese Weltorganisation hat eine Arbeitsgruppe gebildet, die gegenwärtig die Zweckmäßigkeit der internationalen Registrierung wissenschaftlicher Entdeckungen prüft.[5] Die Betrachtungen und Analysen, die in dem vorliegenden Werk angestellt werden, geben Anregungen auch für die Lösung dieser aktuellen Probleme und unterstreichen die Bedeutung der Arbeit.

Das sowjetische Original gliedert sich in zwei Hauptteile:

1. „Allgemeine Probleme der Aufnahme wissenschaftlicher Entdeckungen" und
2. „Die Aufnahme und Bewertung von Entdeckungen in verschiedenen Wissenschaften".

Die Herausgeber hielten es im Interesse einer schnellen Information und angesichts der allgemeintheoretischen Bedeutung des ersten Teiles für vertretbar, in die vorliegende deutschsprachige Ausgabe nur den ersten Teil aufzunehmen. Jedem, der tiefer in die Problematik einzudringen wünscht und sich über spezielle Probleme wissenschaftlicher Entdeckungen und ihrer Aufnahme in einzelnen Wissensgebieten informieren möchte, sei jedoch unbedingt auch die Lektüre des zweiten Teils im Original empfohlen.[6]

[4] Vgl. Dorkin, A. J., Wissenschaftlich-technischer Fortschritt und rechtliche Regelung der Erarbeitung, Sicherung und Nutzung von Erfindungen im RGW, in: Der Neuerer. N. 3, 1973 B, S. 35f.

[5] Vgl.: Ebenda

[6] Dieser – hier nicht aufgenommene – Teil enthält folgende Beiträge: Rožanskij, I. D., Der Fall Anaxagoras; Rabinovič, V. L., Die theoretische Voraussicht und ihre Interpretation; Ležneva, O. A., Erste Interpretation der Oerstedschen Entdeckung; Rubajlova, N. G., Über die Reaktion der englischen Gesellschaft auf die Theorie von Charles Darwin; Gutina, V. N., Eine der dramatischen Seiten in der Geschichte der Wissenschaft; Kanaev, I. I., Zeitgenossen über die wissenschaftlichen

Das von S. R. Mikulinskij und M. G. Jaroševskij herausgegebene sowjetische Werk ist der vierte Band der vom Institut für Geschichte der Naturwissenschaft und Technik der Akademie der Wissenschaften der UdSSR erarbeiteten Reihe „Wissenschaftskunde, Probleme und Forschungen“, deren erste drei Bände[7] im Akademie-Verlag Berlin – zusammengefaßt zu zwei Bänden[8] – bereits in deutscher Sprache erschienen sind. Es schließt sich inhaltlich insbesondere an das Werk „Wissenschaftliches Schöpfertum“ an, vor allem durch die dort veröffentlichten Beiträge von B. M. Kedrov „Zur Theorie der wissenschaftlichen Entdeckung“ und N. I. Rodnyj „Zum Problem der wissenschaftlichen Entdeckung“.

Berlin, Juli 1973 Lothar Kannengießer/Günter Kröber

Arbeiten Goethes; Frolov, B. A., Die Entdeckung und Anerkennung künstlerischer Darstellungen der Eiszeitepoche; Merkulov, V. L., Über objektive und subjektive Faktoren der Aufnahme einer wissenschaftlichen Entdeckung; Bykov, G. V., Probleme der Aufnahme einer wissenschaftlichen Neuerung und die Geschichte der Chemie; Rodnyj, N. I., Solov'ev, J. I., Wie die Theorie der elektrolytischen Dissoziation aufgenommen wurde; Krivobokova, S. S., Šamin, A. N., Die Aufnahme einer Tatsache und Beweise in Grenzwissenschaften; Kricman, V. A., Das Verhältnis der Chemiker zum Problem des Orthoeffekts Ende des 19. und Anfang des 20. Jahrhunderts; Novokšonov, J. I., Zur Analyse des Problems der Definition von „Bedeutung“, „Rolle“, „Beitrag“ von wissenschaftlichen Forschungsarbeiten; Frenkel, V. J., Über die Aufnahmefähigkeit gegenüber neuen physikalischen Ideen und Resultaten.

7 Organizacija naučnoj dejatelnosti, hg. v. E. A. Beljaev, S. R. Mikulinskij, J. M. Šejnin, Moskau 1968; Očerki istorii i teorii razvitija nauki, hg. v. V. S. Bibler, B. S. Grjaznov, S. R. Mikulinskij, Moskau 1969; Naučnoe tvorčestvo, hg. v. S. R. Mikulinskij, M. G. Jaroševskij, Moskau 1969

8 Wissenschaft – Studien zu ihrer Geschichte, Theorie und Organisation, hg. v. G. Kröber, H. Steiner, Berlin 1972; Wissenschaftliches Schöpfertum, hg. v. G. Kröber, M. Lorf, Berlin 1972

S. R. Mikulinskij, M. G. Jaroševskij

Die Aufnahme einer Entdeckung als Problem der Wissenschaftskunde

Eine komplizierte Frage bei der Untersuchung der Entwicklung der Wissenschaft ist das Problem der Aufnahme, der Bewertung und der Interpretation einer wissenschaftlichen Entdeckung. Seine theoretische und praktische Bedeutung ist offenkundig. Der Wandel der wissenschaftlichen Tätigkeit zum Massenberuf, das rasch zunehmende Tempo des wissenschaftlich-technischen Fortschritts, die „Informationsexplosion", die wachsende Rolle der Administratoren und Organisatoren der wissenschaftlichen Produktion, die intensive Entwicklung interdisziplinärer Beziehungen, die Entwicklung von Systemen der automatischen Informationsrecherche und -verarbeitung, die wachsende Bedeutung der Prognostik, die zunehmende Kompliziertheit der Zusammenhänge zwischen Wissenschaft und Produktion sowie zwischen Forschung und Lehre und viele andere für die heutige Wissenschaft charakteristische Umstände verstärken das Interesse an den Faktoren und Mechanismen, die hinter der Aufnahme einer wissenschaftlichen Entdeckung stehen.

Die Geschichte der Wissenschaft kennt eine Fülle von Beispielen, daß Entdeckungen, zum Teil von größter Tragweite, Jahre, wenn nicht gar Jahrzehnte unbeachtet blieben und keinen Einfluß auf die Wissenschaft ihrer Zeit nahmen oder aber nicht richtig eingeschätzt wurden.

Die Aufnahme einer wissenschaftlichen Entdeckung ist eine verallgemeinerte Größe komplexen Charakters, die aus der Wechselwirkung vieler individueller Denkhaltungen resultiert. Sie ist ein Gebilde sui generis, das sich genauso wie die Hypothesen und Theorien organisch in den Bestand der Wissenschaft einfügt und ebenso wandelbar ist wie diese. Während jedoch wissenschaftliche Fakten und Theorien im Hinblick auf den in ihnen fixierten objektiven Inhalt, der weder vom Menschen noch von der Gesellschaft unabhängig ist, Widerspiegelungen einer bestimmten Realität sind, wird ihre Aufnahme durch einen anderen Parameter charakterisiert. Dieser gibt an, wie sich in einer bestimmten historischen Periode ein konkreter Inhalt im Prisma der spezifischen Daseinsbedingungen einer wissenschaftlichen Gemeinschaft, die ihrerseits einer ganz bestimmten sozialen Umwelt angehört, bricht.

Der Fortschritt der Wissenschaft ist nicht damit erschöpft, daß die von Einzelwissenschaftlern hervorgebrachten Ideen – jede neue Idee ist das Produkt der schöpferischen Tätigkeit eines Individuums, auch wenn sie in mehreren Köpfen gleichzeitig entsteht – in der Sprache der Wissenschaft ihren adäquaten Ausdruck finden und auf diese Weise in den Strom der objektiv in Umlauf befindlichen Information eingehen. Um „instrumentelle" Bedeutung für die praktische Arbeit zu erlangen, muß eine neue Idee von der wissenschaftlichen Welt assimiliert, anderen Ideen gegenübergestellt, bewertet und mit einem „Index" versehen werden, der sie nach einer bestimmten Skala als wertvoll, weniger wertvoll, zukunftweisend, praktisch bedeutsam usw. ausweist. Diese nichtformalisierbare Skala verleiht einer wissenschaftlichen Idee eben jenes „Gewicht", das ihr weiteres Schicksal bestimmt. Sie (diese Skala) ist natürlich nicht für alle Zeiten und Völker ein für allemal gegeben, sondern ist selbst Wandlungen unterworfen. Eine Idee, die heute als Neuerung gilt, kann nach einer gewissen Zeit eine völlig andere Bewertung erhalten. Doch stets gilt, daß das neue Wort nicht nur verkündet, sondern auch vernommen werden muß. Bei der heute sehr komplizierten und verzweigten Organisation der wissenschaftlichen Arbeit und bei den gegenüber früheren Zeiten völlig anders beschaffenen Beziehungen zwischen Wissenschaft, Produktion, Gesellschaft und Staat entscheidet die Frage, ob und wie rasch sich dieses neue Wort durchsetzt, über die Verteilung der Mittel, die für die immer kostspieliger werdenden wissenschaftlichen Vorhaben bereitgestellt werden, das heißt letztlich über die Forschungsrichtungen, die Planung, die Kaderausbildung usw. Es ist deshalb nur natürlich, daß man über diesen unsichtbaren und dabei so gewaltigen und ununterbrochen funktionierenden Bewertungsapparat der Wissenschaft Klarheit gewinnen will, von dem eine derart umfassende Wirkung auf die Wissenschaft und über sie auf sämtliche sozialen, mit der Wissenschaft untrennbar zusammenhängenden Gebilde und Institutionen, also auf die Gesellschaft insgesamt ausgeht und damit natürlich auch auf die einzelnen Individuen, die mit ihren Anstrengungen das Gebäude der menschlichen Kenntnisse errichten.

Von besonderer Aktualität ist das Problem der Aufnahme und Bewertung von Entdeckungen unter den gegenwärtigen Bedingungen, da unter dem Druck der sozialen Bedürfnisse die Zeiträume, die eine neue Idee von ihrer Realisierung in technischen Einrichtungen beziehungsweise technologischen Prozessen trennen, immer mehr zusammengedrängt werden. Der Weg einer Idee vom Wissenschaftler bis zum Ingenieur erinnert nur wenig an einen idealen Nachrichtenkanal ohne Rauschen und Störquellen. Zwischen den Schlußfolgerungen, die aus der Grundlagenforschung gewonnen werden, und ihrer praktischen Anwendung in konkreten Projekten erstreckt sich ein kompliziertes Kommunikationsnetz, an dessen Knotenpunkten das gewonnene Wissen geprüft, bewertet, gefiltert und transformiert wird.

Die Aufnahme einer Entdeckung ist somit nicht nur eine notwendige Voraussetzung für die Existenz der Wissenschaft, da es ohne sie keine Kontinuität des Wissens geben kann, sondern auch eine notwendige Bedingung für das kontinuierliche Funktionieren der Kette Grundlagenforschung – angewandte Forschung – Entwicklung. Wird einer Entdeckung die Aufnahme verweigert, so kann sich diese Kette nicht schließen, und der Gesellschaft bleibt das vorenthalten, was ihr zusteht, oder sie erhält es nur mit Verzögerung. Überdies kann der nächste Forschungszyklus in diesem Falle oft nicht einsetzen, so daß die erzielten Ergebnisse nicht jene Wirkung hervorrufen, die sie auf die Grundlagenforschung selbst, auf die angewandte Forschung oder auf Entwicklungsarbeiten hätten ausüben können. Die Aufnahme einer wissenschaftlichen Entdeckung wird auf diese Weise zu einer wichtigen Voraussetzung für die Erhöhung des Wirkungskoeffizienten, der Effektivität der Wissenschaft.

Lassen sich nun Bedingungen schaffen, die eine möglichst adäquate Bewertung, rechtzeitige Aufnahme und effektive Nutzung einer Entdeckung gerade dort zu sichern vermögen, wo sie am stärksten die Produktion befruchten kann? Allerorts drängt man auf die Erhöhung des schöpferischen Potentials der Wissenschaftler, auf die Verstärkung ihrer Motivierung, die effektivere Stimulierung ihrer Tätigkeit usw. Doch die historischen Erfahrungen und die gegenwärtige Praxis der Organisation der wissenschaftlichen Arbeit lehren uns, daß eine Entdeckung nicht immer unverzüglich zum wissenschaftlichen Allgemeingut wird und ihr infolgedessen der Einfluß auf das betreffende Wissensgebiet versagt bleibt, daß die Stimulierung eines Wissenschaftlers mitunter wegen seiner mangelnden Aufgeschlossenheit gegenüber zukunftweisenden Ideen uneffektiv bleibt (wir meinen ausdrücklich mangelnde Aufgeschlossenheit und nicht etwa mangelnde Belesenheit oder ein unzureichendes Niveau an schöpferischen Fähigkeiten) usw. Es wird immer klarer, daß neben dem Widerstand, der aus wissenschaftsexternen Faktoren und Kräften genährt wird, dem Neuen in der Wissenschaftsentwicklung ein ganz besonderer Widerstand erwächst, der von der wissenschaftlichen Umgebung selbst ausgeht. Dieses Phänomen fesselt ganz speziell die Aufmerksamkeit der Wissenschaftssoziologie.

Barber kommt in seiner Arbeit „Resistance by scientists to scientific discovery" zu dem Schluß, daß der Widerstand ein in der Wissenschaft ständig wirksamer Faktor ist, der sämtliche Wissenschaftler betrifft, die einen in dem Sinne, daß man sich ihren Ideen widersetzt, und die anderen in dem Sinne, daß sie sich selbst den Ideen anderer widersetzen [1]. Dieses Phänomen des Widerstandes gegenüber Entdeckungen ist, wie Barber bemerkt, nicht mit dem sozialen Stereotyp des Wissenschaftlers als eines Menschen mit „aufgeschlossenem Geist" (R. Oppenheimer) zu vereinbaren. Die bei Barber angeführten soziologischen Determinanten dieses Widerstandes gegenüber Entdeckungen wirken nicht getrennt von den anderen Prozessen und Faktoren, die die Entwicklung der Wissenschaft als System bestimmen. In diesem Widerstand manifestiert sich lediglich ein Aspekt des umfassenden und dabei so spezifischen Problems der Aufnahme wissenschaftlicher Entdeckungen.

Die Analyse von Patent- und Erfindungsanmeldungen sowie von Mitteilungen in wissenschaftlichen Zeitschriften zeigt, daß die Zahl wiederholt gemachter Entdeckungen und folglich auch die ungerechtfertigten Verluste an wertvoller schöpferischer Arbeit, an Zeit und Geld ständig zunehmen.

Gewöhnlich wird diese Erscheinung auf Mängel im Informationswesen zurückgeführt. Darin liegt ein Großteil Wahrheit. Sicherlich ist dies eine wichtige, aber eben nur eine und zudem nur eine äußerliche Seite des Problems. Schließlich werden beim gleichen Niveau des wissenschaftlichen Informationswesens die einen Entdeckungen rasch aufgegriffen und weitergeführt, während andere, die möglicherweise ebenso wichtig, wenn nicht gar noch wichtiger sind, unbemerkt bleiben und im „Informationsrauschen" untergehen.

Die Wissenschaftshistoriker kennen eine Vielzahl unterschiedlichster Situationen, die die Aufnahme wissenschaftlicher Entdeckungen beeinflussen können. Die Aufnahme einer wissenschaftlichen Entdeckung hängt von einer Menge von Faktoren ab, angefangen beim Charakter der Entdeckung, dem Grad ihrer Begründung, der Art und Weise ihrer Darlegung, der Stellung des Autors in der wissenschaftlichen Welt, seiner Fähigkeit, die Aufmerksamkeit seiner Fachkollegen und die der breiten Öffentlichkeit auf die erzielten Ergebnisse und möglichen Perspektiven zu lenken, bis hin zum allgemeinen Stand der Wissenschaft und zu den jeweiligen sozialökonomischen Bedingungen der Gesellschaft.

Die jeweilige Aufnahme einer wissenschaftlichen Entdeckung kann nur auf dem allgemeinen Hintergrund der Entwicklung von Wissenschaft und Gesellschaft verstanden werden.

Man wird bei der Erörterung dieses Problems wie wohl bei keinem anderen das Bedürfnis verspüren, die wissenschaftliche Tätigkeit komplex zu erforschen, das heißt die Wechselbeziehungen und Wechselwirkungen zwischen ihren recht unterschiedlichen – sozialen, logischen und psychologischen – Faktoren aufzudecken. So gelangt man zu der Überzeugung, daß das hier anstehende Problem seinem Wesen nach in das Gebiet der *Wissenschaftskunde* gehört.

Die Gesamtheit der Erscheinungen, die die Rolle einer wissenschaftlichen Entdeckung im allgemeinen Fortschritt der wissenschaftlichen Erkenntnis bestimmt, stellt eine Realität dar, auf die man auch schon früher bei der Erforschung der Wissenschaft gestoßen war. Diese Rolle trat besonders deutlich hervor, als wissenschaftliche Vorstellungen ideologische Schranken zu überwinden begannen, als die Erkenntnisse über die Welt und den Menschen, die man mit wissenschaftlichen Mitteln gewonnen hatte, zu einer Gefahr für die von Kirche und Staat sanktionierten Ansichten geworden waren. Es sei nur an die sozialen und ideologischen Reaktionen auf die Lehren Kopernikus', Darwins, Sečenovs und Pavlovs und an die erbitterten weltanschaulichen Auseinandersetzungen erinnert, die um diese Gelehrten entbrannten und die in der wissenschaftshistorischen Literatur ausführlich analysiert sind. Dieser gleichen Literatur läßt sich aber auch entnehmen, daß Wissenschaftler gegenüber den Ansichten ihrer Fachkollegen unaufgeschlossen geblieben sind, obwohl jeder für sich genommen seinem lauteren Gewissen folgte, in gleichem Maße den gleichen Normen und Idealen ergeben war und in seiner Argumentation keinerlei Verstöße gegen die Gesetze der Logik duldete. Die Wissenschaftshistoriker wissen von leider gar nicht so seltenen Fällen des tragischen Mißverständnisses, der Blindheit gegenüber epochalen Entdeckungen, des Verzichts auf Veröffentlichung von Ergebnissen zu berichten, die mit herkömmlichen Ansichten brachen (zum Beispiel die Helmholtzsche Entdeckung der Geschwindigkeit des Nervenimpulses[1]), aber auch der berauschenden Aufnahme, die Scheinentdeckungen bereitet wurde. Diese sowie zahlreiche andere erstaunliche Ereignisse bleiben unverständlich, wenn man davon ausgeht, daß die Vorwärtsbewegung des wissenschaftlichen Denkens nur den Pfaden der Logik folgt und daß Wissenschaftler

1 Helmholtz wiederum lehnte es seinerseits ab, die Arbeiten von Max Planck über das zweite Gesetz der Thermodynamik zu lesen.

leidenschaftslose Individuen sind, die, auf nichts vertrauend als auf die Meßwerte ihrer Instrumente, den erkennbaren Objekten gegenüberstehen und bereit sind, jede neue Idee aufzunehmen, sofern sie als wahr nachgewiesen ist. Ähnlich wie die Bedeutung der einzelnen Glieder eines Mechanismus, der ein sinnliches Abbild eines Gegenstandes erzeugt – etwa die Rolle der Augenmuskeln bei der visuellen Wahrnehmung –, dann am klarsten wird, wenn sich in diesem Mechanismus Störungen einstellen und ein nichtadäquater (illusionärer) sensorischer Effekt entsteht, tritt bei Unaufgeschlossenheit gegenüber einer neuen Idee oder bei ihrer verzerrten Aufnahme die Bedeutung derjenigen Faktoren deutlich zutage, deren Wirkung in der Regel unbeachtet bleibt. Der Mechanismus der Aufnahme und Bewertung neuer Informationen wirkt im „Organismus" der Wissenschaft ohne Unterlaß, doch zieht er die Aufmerksamkeit erst dann auf sich, wenn es zu erheblichen Diskrepanzen in den Bewertungen, zu Konfliktsituationen oder zu „pathologischen Befunden" dieser Aufnahme kommt. Und so wie die Kenntnis der pathogenen Faktoren die unerläßliche Voraussetzung für eine wirksame Therapie ist, kann die Aufdeckung der Ursachen, die zu einer nichtadäquaten Interpretation neuer Ideen oder gar zu ihrer Ignorierung führen, Einfluß auf die Optimierung der wissenschaftlichen Tätigkeit ausüben.

Es gibt also reichliches Tatsachenmaterial, das uns beweist, daß die jeweilige Aufnahme der Produkte der wissenschaftlichen Tätigkeit durch die Wissenschaftler selbst einen realen Einfluß auf die Entwicklung der Wissenschaft ausübt. Die Wissenschaftskunde steht somit vor der Aufgabe, diese Fakten in ihrem Zusammenhang mit den allgemeinen Gesetzmäßigkeiten und Mechanismen der Wissenschaftsentwicklung zu erfassen. Die angespannten Situationen, die oftmals im Zusammenhang mit neuen Entdeckungen entstehen, bringen in scharf umrissenen und augenfälligen Formen gewisse allgemeine Besonderheiten zum Ausdruck, die die Bewertung und Interpretation neuer wissenschaftlicher Ideen ganz allgemein betreffen. Die Tätigkeit des Wissenschaftlers zielt darauf ab, neue Erkenntnisse zu gewinnen, die bestimmten Objektivitäts- und Prüfungskriterien standhalten. Der Kulminationspunkt in der Suche nach neuen Erkenntnissen ist die wissenschaftliche Entdeckung. Deshalb führt uns die Klärung der Besonderheiten, die ihre Aufnahme bestimmen, weit über die Grenzen einer allgemeinen Erklärung der Entdeckung in der herkömmlichen Bedeutung dieses recht unbestimmten Terminus hinaus, da sie den gesamten Wirkungsmechanismus der Wissenschaft, das Gesamtgebäude der wissenschaftlichen Tätigkeit betrifft.

Das Studium der Konflikte, die mit wissenschaftlichen Entdeckungen einhergehen, versetzt uns in die Lage, die typischen Besonderheiten des wissenschaftlichen Lebens in seinen „Höhepunkten", in den Bezirken seiner höchsten Konzentration zu verfolgen. Die Unbestimmtheit der distinktiven Merkmale einer Entdeckung – als eines Phänomens, das sich von den anderen Produkten der wissenschaftlichen Tätigkeit unterscheidet – wurde zum Anstoß für langwierige, aber eben nicht immer konstruktive und fruchtbare Auseinandersetzungen. Freilich gibt es kaum Meinungsverschiedenheiten in jenen Fällen, in denen eine bis dahin nicht bekannte Eigenschaft oder Beziehung von Objekten, wie etwa das Purkinjesche Phänomen oder der Čerenkov-Effekt, entdeckt wurde. Die Bedeutung des entdeckten Faktes wird jedoch in der Regel, dadurch bestimmt, welche Veränderungen im konzeptionellen Bestand der Wissenschaft seine Entdeckung auslöst.

Die Bedeutung der Sečenovschen Entdeckung lag nicht darin, daß der Einfluß des Talamus auf die Hautmuskelreflexe erkannt wurde, sondern in der dadurch eingeleiteten Umgestaltung des gesamten Systems der Ansichten über Gehirn und Psyche. Kaum jemand wird behaupten wollen, daß die Leistung I. P. Pavlovs darin bestand, die bedingte Speichelabsonderung entdeckt zu haben. V. M. Bechterev entdeckte einen der Kernabschnitte des Gehirns, aber nicht das hat seine Rolle in der Entwicklung der Wissenschaft bestimmt. Formal gesehen hat Sherrington keine epochalen Entdeckungen gemacht, und dennoch haben seine Ideen eine neue Epoche in der Neurophysiologie eingeleitet. Wir sind deshalb berechtigt, den Begriff „Entdeckung" auf jede irgendwie bedeutsame Neuerung zu beziehen, die zu einem Fortschritt in der wissenschaftlichen Erkenntnis führt. Von diesen Positionen aus werden wir auch an die komplexe logisch-soziologisch-psychologische Analyse der Mechanismen und Funktionen herangehen, die die Aufnahme einer wissenschaftlichen Entdeckung bestimmen.

Offensichtlich existiert aus der Sicht der Persönlichkeitspsychologie dieses Problem überhaupt nicht, da hier der schöpferische Prozeß samt seinen Ergebnissen nur in einer einzigen Dimension, nämlich in seinen Beziehungen zu den persönlichkeitsinternen psychischen Zuständen und Akten, ausgelotet wird. Die Psychologie des wissenschaftlichen Schöpfertums hat in den letzten zehn bis fünfzehn Jahren einen beachtlichen Schritt nach vorn getan. Ihr Ausgangspunkt allerdings war die isoliert betrachtete Wissenschaftlerpersönlichkeit mit ihren Denkprozessen. Im Mittelpunkt der psychologischen Lehren steht das Individuum als Erzeuger von Ideen. In der Beschreibung der Prozesse, die zu einer Entdeckung führen, und in den experimentellen Untersuchungen zum produktiven Denken dominiert das gleiche Herangehen: Man geht von den im Subjekt ihren Ursprung nehmenden Aktionen aus, von seiner „Innenwelt“, seinem schöpferischen Potential, den „Insight-Situationen“. Namentlich in diesen Situationen, die nach den üblichen Vorstellungen die hinter den wissenschaftlichen Produkten im Verborgenen wirkenden psychischen Kräfte ans Tageslicht fördern sollen, sucht die Psychologie noch immer das Hauptglied der komplizierten, kaum faßbaren und nicht in das Prokrustesbett formallogischer Schemata passenden Kette des eigentlichen schöpferischen Prozesses. Eine so beschaffene persönlichkeitspsychologische Interpretation der schöpferischen Tätigkeit faßt die wissenschaftliche Entdeckung als ein Produkt des inneren psychischen „Milieus“; sie läßt die Abhängigkeit der Entdeckung vom Bewertungsmechanismus ihrer sozialen, die Generierung von Ideen kontrollierenden Aufnahme außer acht. Es besteht kein Zweifel, daß diese Auffassung von vornherein den Stempel der entsprechenden Untersuchungsmethoden tragen muß. Solange nur die Selbstberichte des Individuums, das eine Idee hervorgebracht hat, Gegenstand der Untersuchung sind, bleiben die Aussichten, Informationen über das sozial-historische Wesen dieser Tätigkeit, über die überindividuellen Quellen der wissenschaftlichen Entdeckung zu gewinnen, stark eingeschränkt.

Als Ausgangsmaterial für die Analyse der schöpferischen Tätigkeit und ihres Unterschieds von nichtschöpferischen Aktivitäten fungierten aber gerade in erster Linie Selbstberichte hervorragender Persönlichkeiten aus Wissenschaft und Kunst. Als erstes wurden spontane Selbstdarstellungen untersucht, das heißt Äußerungen von Wissenschaftlern über den eigenen schöpferischen Prozeß (seine Bedingungen und wesentlichen Momente), die ihrem Bedürfnis entsprungen waren, sich selbst in der rätselhaften Verkettung der inneren psychologischen Erscheinungen, die sie zu einer Erfindung, einer Theorie oder einer neuen Idee geführt hatten, zurechtzufinden. Später ging die Psychologie dazu über, zielgerichtet Material über die Erscheinungsformen der schöpferischen Tätigkeit von Wissenschaftlerpersönlichkeiten zu sammeln. Die spontanen Selbstberichte wurden durch organisierte abgelöst, die nach vorgefertigten Programmen abgefaßt wurden. Es erschienen Fragebögen, Tests und Interviews. Im Ergebnis dessen wurde in vielen Fällen die Untersuchung des Schöpfertums den Wissenschaftlern selbst übertragen. Damit war eine Situation geschaffen, die der in der Medizin entspräche, wenn sich die Ärzte bei der Beschreibung eines Krankheitsbildes ausschließlich von den Äußerungen der Patienten über ihr Selbstbefinden leiten ließen. Obwohl die gesamte

Entwicklung der Psychologie die Unzuverlässigkeit von Daten der Selbstbeobachtung bestätigt, die nur dank bestimmter objektiver Methoden von tatsächlichem Wert sind, blieben in diesem kompliziertesten Bezirk die einzigen Stützen auch weiterhin jene Vorstellungen, die der retrospektiven Einsicht des Menschen in die Arbeitsweise des eigenen Verstandes entstammten. Aber solche Einblicke können natürlich niemals die Abhängigkeit der individuellen schöpferischen Anstrengungen von einem System objektiver Verhältnisse, in dem sie entstehen und realisiert werden, erfassen.

Der Einfluß, der von Werturteilen der wissenschaftlichen Umwelt und von der Aufnahme eines Werkes durch diese Umwelt auf die Tätigkeit des Wissenschaftlers ausgeht, fungiert nach den Selbstzeugnissen der Wissenschaftler zwar als ein wesentliches Moment, das aber in bezug auf den eigentlichen schöpferischen Prozeß „in Reinkultur" äußerlicher Natur sei. Dabei wird die Quelle, aus der man die Vorstellung von der angenommenen „Reinkultur" der schöpferischen Tätigkeit bezieht, nicht geprüft, und man übersieht, daß der Glaube an die Einmaligkeit des schöpferischen Prozesses, der als eine spezifische Ausstrahlung der „Tiefen des Geistes" aufgefaßt wird, lediglich auf den Zeugnissen der Selbstbeobachtung beruht. Der Wert von Selbstbeobachtungen besteht darin, daß sie ein bestimmtes Niveau von Erkenntnissen über die eigene geistige Arbeit fixieren. Dieses Niveau ist jedoch das der Beschreibung. Um von der Beschreibung zur Erklärung voranzuschreiten, bedarf es anderer Mittel.

Die Versuche, von einer globalen und amorphen Darstellung des schöpferischen Prozesses zu seiner gegliederten Erfassung überzugehen, führten dazu, daß in diesem Prozeß mehrere Phasen unterschieden wurden, von denen jede einzelne ihre spezifischen Merkmale aufweist. Als das akzeptabelste Schema wurde das auf Wallas [2] zurückgehende Vierphasenmodell – Vorbereitung, Reifung, „Erleuchtung", Verifizierung – angesehen. Das Hauptgewicht entfällt auf die beiden Phasen „Reifung" (unbewußte Tätigkeit des Verstandes, die nach mißglückten Versuchen der Problemlösung einsetzt, wobei mit bereits bekannten Informationen gearbeitet wird) und „Erleuchtung", womit die „Geistesblitze", ein unerwarteter Gedankenflug gemeint sind, der das zu erfassen vermag, was sich bis dahin allem Zugriff zu entziehen schien. Nach der Entstehung einer Idee kommt es gemäß dieser Konzeption zu ihrer Verifizierung, das heißt es wird geklärt, welchen Wert das erzielte geistige Produkt hat, welche Mittel zur Verfügung stehen, die anderen von der Richtigkeit der Lösung zu überzeugen usw.

Offensichtlich erheben sich diese Fragen deshalb, weil ein neuer Faktor ins Spiel gekommen ist, der ausdrückt, welche bewertende Haltung der schöpferische Wissenschaftler zu seinem eigenen Werk einnimmt. Hier stoßen wir gewissermaßen zum ersten Mal auf den Apparat der Aufnahme und Bewertung der Produkte geistiger Tätigkeit. In dem hier angeführten psychologischen Schema wird jedoch davon ausgegangen, daß das Stadium der Verifizierung den Abschluß eines im höchsten Grade individuellen Aktes bildet; in ihm geht es nur um das eine: wie der Autor seine eigene Idee aufnimmt. Ein Individuum, das auf sich allein gestellt ist und in dessen Beobachtungsfeld nur die eigene Tätigkeit festgehalten ist, kann auch zu gar keiner anderen Vorstellung von der Rolle gelangen, die die Aufnahme von Ideen bei ihrer Herausbildung spielt. Mit der weiteren Entwicklung der Psychologie hat die Rolle der Bewertungsmomente und der Kontrolle des Ablaufs der wissenschaftlichen Tätigkeit samt ihren Ergebnissen in dem Maße die Aufmerksamkeit auf sich gezogen, wie man sich den allgemeinen Prinzipien der Selbstregulierung des Verhaltens zuwandte. Hatte man früher angenommen, daß die Bewertungstätigkeit in die Schlußphase dieses Prozesses fällt, so wird nun die These zum Axiom erhoben, daß beständig ein Rückkopplungsmechanismus funktioniert, der im gesamten Prozeßverlauf, und nicht nur in seiner Endphase, Kontroll- und Bewertungsfunktionen ausübt.[2] Doch selbst in diesem

[2] Die Idee, daß die Tätigkeit eines Individuums über ihren gesamten Verlauf kontrolliert und bewertet wird, hat die amerikanischen Psychologen Miller, Galanter und Pribram dazu bewogen, die alte Formel „Reiz – Reaktion" (stimulus-response) durch die neue Formel „Test – Operation – Test – Output" zu ersetzen [3]. Danach bewertet der Organismus, bevor er tätig wird, die Situation. Guilford hat dann darauf hingewiesen, daß diese neue Formel implizit in der Beschreibung der einzelnen Phasen des schöpferischen Prozesses enthalten ist, die Rossman in seiner Analyse der Arbeit mehrerer Hundert Erfinder gegeben hatte. Nach Rossman beginnt der schöpferische Prozeß damit, daß der Bedarf an irgendetwas wahrgenommen und ein Überblick über die bevorstehenden Schwierigkeiten gewonnen wird. Dann folgen das Studium der Informationen, hypothetische Lösungen, die der kritischen Prüfung unterzogen werden, schließlich die Geburt einer Idee und die alles abschließende Verifizierung. Auf diese Weise begleiten bei Rossman Bewertung und Kritik jeden neuen Schritt des schöpferischen Denkens. Das ändert aber nichts an der allgemeinen Feststellung, daß in psychologischen Arbeiten die Bewertung ausschließlich aus der Sphäre des Individuums abgeleitet wird und nicht aus der Sphäre der wissenschaftlichen Gemeinschaft, ganz zu schweigen von der breiten sozialen Umwelt.

modernen Herangehen gilt die Aufmerksamkeit wie bisher dem Verhalten des Individuums, das kraft seiner inneren Struktur in der Lage ist, die eigenen Reaktionen beständig zu verfolgen und sie, falls sie dem Verhaltensprogramm unangemessen werden, zu korrigieren. Es handelt sich also nach wie vor um die *individuelle* und nicht um die soziale Aufnahme und Bewertung.

Die Bedeutung, die Werturteile für die schöpferische Tätigkeit haben, hat noch von einer anderen Seite her Interesse erweckt. Wir meinen ihre negative Wirkung auf eine stereotyp- und schrankenfreie Produktion origineller Lösungen und Ideen. Insbesondere hat sich die allgemein bekannte Methode des „brain storming“ das Ziel gesetzt, einen ungehemmten Lauf von Assoziationen zu initiieren, unter denen auch ungewöhnliche, unerwartete und originelle Ideen auftauchen können. Als Hauptbedingung wird die Unterscheidung zweier Stadien der geistigen Tätigkeit postuliert: a) die Erzeugung von Ideen und b) ihre kritische Bewertung [4]. Die nachgeschaltete Bewertung wird dabei stets als ein für den Erfolg entscheidender Faktor angesehen. Die Methodik des „brain stroming“ beruht auf der Annahme, daß es zwischen dem schöpferischen Produkt und der Tätigkeit des dem Bewußtsein angehörenden Bewertungsmechanismus, also zwischen der Erzeugung der Idee und ihrer kritischen Aufnahme, einen Antagonismus gibt. Der kritischen Aufnahme wird eine negative, also nichtkonstruktive und nichtschöpferische Bedeutung beigemessen. Auf den ersten Blick scheint für diese Schlußfolgerung die bekannte Tatsache zu sprechen, daß der Wissenschaftler dem Neuen, wenn er es durch das Prisma vorgefertigter Schemata absorbiert, nicht sine ira et studio gegenübersteht. Aber mit welchem Recht darf daraus tatsächlich geschlußfolgert werden, daß die Herausbildung des schöpferischen Produkts und seine Anerkennung an psychische Prozesse unterschiedlicher Ordnung gebunden sind? Die ständige Kommunikation des Wissenschaftlers mit dem Objekt seiner Tätigkeit läßt sich prinzipiell nicht von dem historisch entstandenen „überindividuellen“ System von Kriterien, Bewertungen und Schemata trennen, dem er unwillkürlich („automatisch“) die in seinem Bewußtsein entstehenden Ideen gegenüberstellt. Ohne diese Gegenüberstellung wäre er nicht in der Lage, auch nur einen einzigen Schritt voranzukommen. Es muß also noch einmal sehr entschieden auf den sozialen, das heißt nichtindividuellen, Charakter dieses Systems, auf die sozialen und nicht persönlichkeitspsychologisch bedingten Mechanismen dieser „Gegenüberstellung“ hingewiesen werden. Sie ist nichts anderes als die Aufnahme neuer wissenschaftlicher Kenntnisse, wissenschaftlicher Entdeckungen.

Verharren wir also in den Grenzen der psychologischen Untersuchung als solcher, das heißt, setzen wir diese Untersuchung nicht mit den anderen Aspekten der Tätigkeit eines Wissenschaftlers in Beziehung, so kann das Problem der Aufnahme einer wissenschaftlichen Entdeckung nicht in seiner wirklichen Bedeutung erfaßt werden. Allein auf dem Hintergrund der Persönlichkeitspsychologie läßt es sich nicht abgrenzen und folglich auch nicht lösen. Selbst dann, wenn bei der Untersuchung des gedanklichen Aktes die Wichtigkeit der Verifizierung, der Bewertung und Kontrolle berücksichtigt wird, hat man dabei doch stets nur solche Mittel im Auge, die dem Individuum zur Verfügung stehen und nicht dem „kollektiven Subjekt", durch welches die Wissenschaft geschaffen wird.

Das Problem der Aufnahme einer wissenschaftlichen Entdeckung fordert somit von uns, den „Raum" der inneren psychischen Prozesse zu verlassen und zur Analyse der wissenschaftlichen Umwelt überzugehen, die das „Substrat" dieser Aufnahme ist. Die traditionellen Analyseverfahren der Psychologie erweisen sich hier samt den aus ihnen gewonnenen Erklärungen als untauglich. Denn wie sehr die Möglichkeiten der Psychologie, die Aufnahme einer neuen Idee oder einer wissenschaftlichen Entdeckung zu erforschen, auch zugenommen haben mögen, so haben sie doch ihre prinzipiellen Grenzen. Der psychologische Aspekt dieser Prozesse existiert nicht beziehungslos zu den konkret-historischen, kulturellen und sozialen Aspekten. Die Aufnahme einer wissenschaftlichen Entdeckung realisiert sich zwar über die psychische Tätigkeit von Einzelpersonen, doch folgt daraus keineswegs, daß die Struktur dieses Prozesses von den Gesetzen dieser Tätigkeit determiniert wird, das heißt von Gesetzen, die Forschungsgegenstand der Psychologie sind. Um die Natur dieses Vorgangs verstehen zu können, muß man unbedingt von den psychologischen Eigenschaften der Einzelwissenschaftler zur gesamten wissenschaftlichen Umgebung vordringen, deren Charakter eben die jeweiligen Besonderheiten der Aufnahme einer Entdeckung bestimmt. Wenn wir hier sagen, daß die Mittel der psychologischen Analyse für das Verstehen des hier anstehenden Problems unzureichend sind, und dafür eintreten, die Grenzen der Psychologie zu überschreiten, so soll damit keinesfalls geleugnet werden, daß die Aufnahme einer wissenschaftlichen Idee nicht auch ein psychologisches Problem ist. Es ist aber ebenso sehr auch ein wissenschaftspsychologisches, ein wissenschaftssoziales und ein wissenschaftslogisches Problem. Seine psychologische Seite tritt keinesfalls dann am klarsten zutage, wenn wir, vom sozialen gegenständlich-historischen Kontext der wissenschaftlichen Tätigkeit abstrahierend, uns lediglich auf die „inneren“, die Introspektion, Mutmaßung und Intuition lenkenden Mechanismen konzentrieren, sondern erst dann, wenn wir diese Tätigkeit mit den Forderungen der wissenschaftlichen Umgebung, mit den sozialökonomischen Forderungen der betreffenden Epoche und dem internationalen Niveau der betreffenden Wissenschaftlerpersönlichkeit in Beziehung setzen.

Wenn wir von der bekannten Marxschen These von der prinzipiell sozialen Natur des menschlichen Denkens ausgehen und sie auf die gedankliche Aktivität des Wissenschaftlers verallgemeinern – wie unikal schöpferisch sie auch immer sein mag –, so können wir mit vollem Recht sagen, daß sich neben dem „äußeren Monolog“ auch stets der „innere Monolog“ des Wissenschaftlers an eine bestimmte Zuhörerschaft richtet. Auch wenn der „innere Monolog“ – die Prozesse des Urteilens, die den schöpferischen Effekt ergeben – seine spezifische Struktur hat, ist er doch ebenso wie der „äußere Monolog“ zutiefst sozial und aus den Formen der unmittelbaren Kommunikation herleitbar. Wie intim er auch sein mag, ist er doch stets determiniert und an die Bedürfnisse der sozialen Umwelt gebunden. Es ist schließlich wohlbekannt, daß es zwischen dem tatsächlichen Ablauf einer Untersuchung und der wissenschaftlichen Veröffentlichung, in der ihre Ergebnisse dargestellt werden, erhebliche Unterschiede gibt.

Die Veröffentlichung ist so angelegt, daß sie von denen, für die sie bestimmt ist, in angemessener Weise aufgenommen werden kann. Nicht selten fordert das vom Autor die Lösung einer zusätzlichen Aufgabe, die sich von der experimentellen beziehungsweise theoretischen Erforschung der Wirklichkeit beträchtlich unterscheidet. Möglicherweise waren gerade diese Unterschiede der Grund dafür, den Prozeß der Erkenntnisgewinnung in eine Tätigkeit „für andere“ („Kontext der Begründung“) und eine Tätigkeit „für sich“ („Kontext der Entdeckung“) zu gliedern und dabei die zweite Tätigkeit als außersozial hinzustellen, gewissermaßen als eine Tätigkeit, die in den intimen „Schlupfwinkeln des Schöpfertums“ ihren Ausgang nimmt. Dem muß entgegengehalten werden, daß bei allen Unterschieden zwischen „innerer“ und „äußerer“ Rede sich beide der gleichen Sprache bedienen, in unserem Falle der Sprache der Wissenschaft. Und kein einziges Wort dieser Sprache kann eine Bedeutung erlangen, wenn es nicht mit dem Ziele hervorgebracht wird, durch die wissenschaftliche Welt aufgenommen zu werden.

Das eigentliche psychologische Herangehen verliert indes dadurch, daß sich die Aufnahme einer wissenschaftlichen Entdeckung nicht auf Erscheinungen des individuellen Bewußtseins beziehungsweise Unterbewußtseins reduzieren läßt, keineswegs an Bedeutung. Im Gegenteil, erst jetzt, nachdem die sozialen und die persönlichkeitspsychologischen Aspekte des wissenschaftlichen Schöpfertums voneinander getrennt und damit die vagen, diese beiden Seiten nicht unterscheidenden Vorstellungen überwunden sind, bietet sich erstmalig die Möglichkeit, sie im allgemeinen Kontext der wissenschaftlichen Tätigkeit zueinander in Beziehung zu setzen.

Worin besteht nun der eigentlich psychologische Aspekt der Aufnahme von Produkten des wissenschaftlichen Schöpfertums? Zunächst fallen die individuellen Variationen dieser Aufnahme ins Auge. Das generelle Verhalten, das die wissenschaftliche Welt einer Entdeckung entgegenbringt, ist gewissermaßen ein Mittelwert, der bei den einzelnen Wissenschaftlern durchaus nicht eindeutig belegt ist. Würde man ähnlich einer öffentlichen Meinungsumfrage eine wissenschaftliche Meinungsumfrage durchführen, so ließen sich erhebliche Abweichungen von diesem Mittelwert feststellen. Sie können recht unterschiedliche Ursachen haben. Doch ist unserer Meinung nach die *persönlichkeitsbedingte* Ausrichtung des Prozesses der Aufnahme wissenschaftlicher Ideen als eine entscheidende Ursache anzusehen. Dieses Problem ist bisher leider nur wenig erforscht, was seinerseits bis zu einem gewissen Grade durch die eigenartige Zweiteilung der psychologischen Untersuchungen zum Schöpfertum bedingt sein mag. Sie zerfallen nach wie vor in zwei große Gruppen, von denen die eine den schöpferischen Prozeß, die andere die schöpferische Persönlichkeit zum Gegenstand hat und zwischen denen kein innerer Zusammenhang besteht.

Unter dem schöpferischen Prozeß werden die Veränderungen in der psychischen Sphäre verstanden, die einer Entdeckung vorausgehen (vgl. die oben angeführten Schemata von Wallas und Rossman). Die gegenwärtigen Versuche zur Modellierung der schöpferischen Tätigkeit verfolgen das Ziel, die einzelnen Glieder dieses Prozesses zu reproduzieren, wobei die Beziehungen zu den persönlichkeitsbedingten Parametern des Denkens, der Motivation, nicht in die Beschreibung eingehen.

Die zweite Gruppe von Untersuchungen, die den Charakteristika der schöpferischen Persönlichkeit gilt, fällt gewissermaßen in eine andere „Kompetenz". Hier werden mit Hilfe von *Tests* und *Faktorenanalysen* invariante Merkmale des Individuums (Originalität, kritische Haltung usw.) ausgesondert. Diese Merkmale werden diagnostiziert, indem man das Individuum bestimmte Aufgaben ausführen läßt, die keinerlei Beziehung zu den realen gegenständlich-historischen Besonderheiten der wissenschaftlichen Tätigkeit haben. Es ist deshalb nicht verwunderlich, daß das aus solchen Tests gewonnene „psychologische Profil“ des Wissenschaftlers, sein „Psychogramm“, nicht mit den Besonderheiten seinerArbeit, die er bei der Lösung wissenschaftlicher Probleme leistet, in Beziehung gesetzt und folglich auch nicht für die Erklärung „persönlichkeitsbedingter Inklusionen“ im schöpferischen Prozeß zu Rate gezogen werden kann. Die individuellen Unterschiede in den Eigenschaften, Interessen und Fähigkeiten der Menschen darf man nicht mit jenem spezifischen psychologischen System verwechseln, das sich auf einer höheren Ebene der Persönlichkeitsentwicklung herausbildet: dem *System der Persönlichkeit.*

Die Eigenständigkeit und Einmaligkeit der Persönlichkeit erfährt ihren konzentrierten Ausdruck in der schöpferischen Tätigkeit. Jede Persönlichkeit besitzt ein bestimmtes intentionales Niveau. Der Einfluß, der von diesem Niveau auf die Aufnahme neuer Ideen, und zwar sowohl fremder als auch eigener, ausgeht, ist hinlänglich bekannt. Der ganze Sinn der Tätigkeit eines Wissenschaftlers besteht darin, sein Wort zu sagen, um sein Scherflein, und sei es ein noch so kleines, zum allgemeinen Erkenntnisschatz beizutragen. Dieses mächtigste, seiner Natur nach sozial bedingte Motiv erlangt seinen stärksten Ausdruck in der persönlichen Interessiertheit des Wissenschaftlers an der Durchsetzung seiner Ideen und an der Priorität einer Entdeckung. Da dieses Motiv einen unvermeidbaren Einfluß darauf ausübt, wie die *einzelnen* Wissenschaftler neue Fakten, Hypothesen, Konzeptionen usw. aufnehmen, bringt die Wissenschaft einen besonderen „Schutzmechanismus“ hervor, dessen Rolle in dem Maße zunimmt, wie sich die Wissenschaft weiterentwickelt und *immer mehr* Wissenschaftler ihre Intentionen anmelden, einen originellen Beitrag zur Wissenschaft zu leisten.

Aus diesem Grunde ist der Widerstand, den die wissenschaftliche Welt einer jeden neuen Idee entgegensetzt, nicht nur als ein negativer, die Wissenschaftsentwicklung hemmender Faktor zu beurteilen. Dazu wird er nur dann, wenn im wissenschaftlichen Denken die normale Funktion des kritischen Apparates ein allzu großes Gewicht erlangt. Es kann also nicht darum gehen, jeglichen Widerstand gegen neue Informationen abzubauen, um ihre möglichst rasche Assimilierung zu sichern, sondern vielmehr darum, der Wirkung dieses „Mechanismus der Kritik“ ein optimales Maß zu verleihen.

Der Wissenschaftler hat keine andere Möglichkeit der Selbstbestätigung als die Erzeugung neuer Information. Doch assimiliert die Wissenschaft nicht alle und jegliche Information, sondern lediglich solche, die ihren Kriterien und Bedürfnissen gerecht wird. Zwischen diesen

Kriterien und den Interessen der einzelnen Wissenschaftler kann es zu Konflikten kommen, die ihre Ursachen nicht nur in der persönlichkeitspsychologischen und sozialen (im Sinne der wissenschaftlichen Gemeinschaft) Sphäre haben, sondern auch in gewissen Voraussetzungen logischen Charakters.

Es ist leicht einzusehen, daß der Terminus „Aufnahme" beziehungsweise „Wahrnehmung"[3] in bezug auf wissenschaftliche Informationen einen anderen Sinn hat als üblicherweise in der Psychologie. In der Psychologie versteht man unter „Aufnahme" bzw. „Wahrnehmung" das Abbild eines Gegenstandes, der unmittelbar auf die Sinnesorgane einwirkt, während die Aufnahme von Produkten der wissenschaftlichen Tätigkeit ihre logische Durchdringung, ihre begriffliche, stets mit Werturteilen einhergehende Interpretation voraussetzt.

Unter dem Begriff der logischen Analyse der Wissenschaft werden aber wiederum recht unterschiedliche Verfahren zusammengefaßt. Neben den herkömmlichen logischen Erklärungen – aus der Sicht der formalen und der dialektischen Logik – bildet sich heute eine Richtung heraus, die man zweckmäßigerweise als Logik der Wissenschaftsentwicklung bezeichnen könnte. Sie stellt sich das Ziel, die spezifischen Strukturmerkmale der wissenschaftlichen Kenntnisse verschiedener historischer Perioden zu ergründen und die Gesetzmäßigkeiten aufzudecken, die den Übergang von einer Denkweise zur anderen beherrschen. Die Logik der Wissenschaftsentwicklung zeichnet ein gegenständlich-historisches Herangehen aus. Wir könnten uns vorstellen, daß gerade im Gefolge dieser Richtung neue Ausgangspositionen für die Behandlung des Problems der Aufnahme wissenschaftlicher Entdeckungen geschaffen werden. Der Sinn der Tätigkeit eines Wissenschaftlers, gewissermaßen das Kernstück seiner Intentionen, ist der Aufbau neuen Wissens. Das Neue wird aber zunächst stets in bereits vorliegenden logischen Formen (Theorien, Konzeptionen, kategoriellen Schemata) begriffen, die einen bestimmten Zeitpunkt im allgemeinen historischen Prozeß der Wissenschaftsentwicklung repräsentieren. Diese Schemata sind die Grundlagen, das Instrument und der Maßstab

[3] Der russische Terminus „восприятие" wird in diesem Werk, wenn von „восприятие открытия" die Rede ist, immer mit „*Aufnahme* einer Entdeckung" wiedergegeben. Er bedeutet jedoch zugleich „Wahrnehmung". Diese Doppeldeutigkeit im Russischen veranlaßt die Autoren, an dieser Stelle auf den Unterschied im wissenschaftskundlichen und im psychologischen Gebrauch des Terminus hinzuweisen. Wir haben uns deshalb entschlossen, „восприятие" an dieser Stelle sowohl mit „Aufnahme" als auch mit „Wahrnehmung" wiederzugeben (d. Hrsg.).

eines jeden neuen Schrittes im Denken. Sie sind in bestimmter Weise strukturiert. Untersucht man nun die Abhängigkeit der Aufnahme eines neuen geistigen Produktes vom vorhandenen Wissensbestand, so hat man nicht nur den Inhalt dieses Wissens, sondern auch die Art und Weise seiner Strukturierung, das heißt seine Form, zu beachten.

Wenn wir uns aber auf das Problem der Form einlassen, so wechseln wir auf eine neue Analyseebene über, die von der gleichen Ordnung ist wie das, was gewöhnlich als logischer Aufbau des Wissens bezeichnet wird. Dabei handelt es sich genau um jenen Apparat, über den beziehungsweise durch den jedes Wort in die Wissenschaft eingeht. Offensichtlich ist dies nicht ein formal-logischer Apparat, dessen Funktionsregeln für beliebige Urteile gleich sind. Denn, wie sehr die Urteile der einzelnen Wissenschaftler über ein sie angehendes neues Ereignis auch auseinandergehen mögen, so ist dies sicherlich nicht dadurch bedingt, daß die einen den Regeln des logischen Schlusses folgen, die anderen hingegen nicht. Bei aller Gleichheit der formallogischen Schemata ist eine Nichtübereinstimmung in den gegenständlich-kategoriellen Schemata möglich. Und das ist der Grund dafür, daß es gegenüber einer neuen Information keine Aufnahmebereitschaft gibt, sobald ihre Assimilierung zum Verlassen eingefahrener logischer Geleise und zum Beschreiten neuer Denkwege zwingt.

Ein Nichtverstehen neuer Ideen hat seine Ursachen nicht in einer größeren oder geringeren Schärfe des Verstandes oder in einer größeren oder geringeren logischen Kraft, sondern in einer unterschiedlichen Ausrichtung des gesamten Denkens. So war zum Beispiel die Unempfänglichkeit Sečenovs gegenüber gewissen Ideen und Entdeckungen seines Schülers Vvedenskij und die Blindheit des letzteren gegenüber grundlegenden Ideen seines Lehrers Sečenov durch die Unterschiede in ihren kategoriellen Systemen bedingt, in denen sich das Denken dieser beiden Physiologen bewegte.[4] Folgen wir ihren Argumentationen aus formal-logischer Sicht, so finden wir keine Beweggründe, die uns erklären könnten, warum sie den Ideen des anderen die Aufnahme verweigerten oder gewisse Fakten grundlegend anders beurteilten. Wenden wir uns aber der begrifflichen kategoriellen Struktur ihrer Ansichten zu, so vermögen wir die Wurzeln ihrer Divergenzen aufzudecken und zu erklären, warum beide ein und dieselben physiologischen Fakten beziehungsweise ein und dieselben Experimente so ganz verschieden aufnahmen. Hier haben wir ein beredtes Zeugnis für die tiefen Wechsel-

[4] Dieses Problem wird behandelt in dem Buch von Jaroševskij, M. G.: I. M. Sečenov, Leningrad 1968.

beziehungen zwischen den logischen und psychologischen Faktoren der Denktätigkeit des Wissenschaftlers.[5]

Die Wissenschaftsgeschichte kennt eine Fülle von Beispielen, in denen neue Ideen unverstanden geblieben sind. Einerseits resultierte dieses Nichtverstehen aus den entsprechenden theoretischen Ansichten und war somit logisch begründet; andererseits führte es zu dramatischen persönlichen Konflikten und zur Entstehung negativer emotionaler Komplexe bei den einzelnen Wissenschaftlerpersönlichkeiten.

So hat beispielsweise Goethe das Unverständnis, das seinem Versuch der Erklärung der Pflanzenmetamorphose von den Fachleuten entgegengebracht wurde, sehr verletzt. „Es treibt zum Wahnsinn", schrieb der große Dichter und Naturforscher, „den Irrtum immer wiederholen zu hören aus dem man sich mit Noth gerettet hat . . ."[6]. Veränderungen in den Kategorien, in denen der Naturwissenschaftler denkt, weisen stets eine gewisse Gerichtetheit auf und bringen den Übergang von einer Ebene des begrifflichen Erfassens zu einer anderen, höheren zum Ausdruck. Hieraus resultiert die Gefahr, daß ein Wissenschaftler, der mit seinen Ideen den Zeitgenossen vorauseilt, von ihnen nicht verstanden wird, wenn ihr Denken weiterhin in den alten Vorstellungen, Theorien und kategoriellen Schemata abläuft. So entstehen sogenannte „vorzeitige Entdeckungen", die ihrer Zeit weit voraus sind und deren tatsächliche Bedeutung im betreffenden Zeitpunkt der historischen Entwicklung des Wissens der wissenschaftlichen Welt verborgen bleibt. Ganz anders verhält es sich, wenn zur gleichen oder fast gleichen Zeit dieselben Entdeckungen mehrfach gemacht oder dieselben Ergebnisse mehrfach erzielt werden. Das ist stets ein untrügliches Zeichen für das herangereifte Bedürfnis nach einem neuen Schritt im Denken, nach einer neuen logischen Bewegung. Für dieses Bedürfnis ist dabei kennzeichnend, daß es nicht nur die Tätigkeit des einzelnen, seinen Zeitgenossen vorauseilenden Wissenschaftlers stimuliert, sondern die der wissenschaftlichen Gemeinschaft insgesamt, die auf herangereifte Ideen mit erhöhter Empfindlichkeit reagiert und sie, sobald sie formuliert und

[5] Zum Verständnis dieser Zusammenhänge sei noch einmal betont:
Die logische Seite der Angelegenheit ist auf der Ebene der Logik der Wissenschaftsentwicklung zu untersuchen und nicht auf der Ebene allgemeiner logischer Konstruktionen, und die psychologische Erforschung hat von der realen Struktur der Persönlichkeit auszugehen, von ihren Motiven und Intentionen und sollte sich nicht auf eine retrospektive Beschreibung durchlebter Situationen und Zustände beschränken.

[6] Vgl. Goethes Naturwissenschaftliche Schriften, Weimarer Ausgabe, Weimar 1891, Bd. 6, I. Theil, S. 143–144

in Umlauf gesetzt sind, mühelos aufnimmt. Die rasche Aufnahme einer Entdeckung und ihre mühelose Assimilierung zeigen an, daß der „Boden bereitet“ und die „Zeit reif“ ist. In der Bereitschaft zur Aufnahme wissenschaftlicher Entdeckungen kommen der logische Lebensrhythmus der wissenschaftlichen Gemeinschaft und ihr Entwicklungsniveau zum Ausdruck. Mit anderen Worten, in ihr manifestiert sich eine bestimmte Etappe in der Geschichte der allgemeinen (kategorialen) Wissensstruktur. Somit läßt das Verhalten der wissenschaftlichen Welt zu den schöpferischen Leistungen ihrer Einzelvertreter – ein Verhältnis, das, wie bereits gesagt wurde, die Wechselwirkungen zwischen dem intentionalen Niveau der Persönlichkeit und der Bewertung seiner Leistungen durch andere ausdrückt – nicht nur den Zusammenhang zwischen Sozialem und Psychologischem, sondern auch zwischen Sozialem und Logischem erkennen.

In unserem Zusammenhang verstehen wir unter dem Sozialen die wissenschaftliche Umgebung, die wissenschaftliche Gemeinschaft, die wie jeder ihrer einzelnen Vertreter eine eigene „Biographie“, eine eigene Geistesgeschichte besitzt. Die Wissenschaftssoziologie als eine Richtung innerhalb der Wissenschaftskunde hat bei der Erforschung dieser Seite der Entwicklung der Wissenschaft gewisse Erfolge zu verzeichnen, indem sie die Wissenschaft als soziale Institution auffaßt, die zwar unlöslich mit dem Leben der Gesellschaft insgesamt verbunden ist, jedoch über nur ihr eigene Attribute und Tätigkeitsprinzipien verfügt. Indes ist sie bei der Erforschung der Probleme, die die Spezifik der Beziehungen innerhalb der wissenschaftlichen Gemeinschaft betreffen, nur wenig vorangekommen. Möglicherweise deshalb, weil bei der Analyse der sozialen Seiten der Wissenschaft deren untrennbarer Zusammenhang mit der Logik ihrer Entwicklung zu wenig berücksichtigt wurde. Die soziologischen Momente, die die Aufnahme wissenschaftlicher Informationen beeinflussen, können nur sichtbar gemacht werden, wenn die allgemeine Struktur des Gesamtsystems der wissenschaftlichen Kenntnisse und seine Besonderheiten im jeweiligen historischen Zeitpunkt in die Untersuchung einbezogen werden.

So gesehen ist beispielsweise die Frage nach den Wechselbeziehungen zwischen den verschiedenen Wissenschaftsdisziplinen keinesfalls belanglos für das Verständnis dessen, wie eine neue Idee interpretiert wird. In unserer Zeit, da sich die traditionellen Grenzen zwischen den einzelnen Wissensgebieten rasch verschieben, werden Ideen, die an den Berührungspunkten verschiedener Disziplinen entstehen, nicht immer in der ihnen angemessenen Weise aufgenommen, weil sie auf der Grundlage von Vorstellungen beurteilt werden, die innerhalb einer ganz bestimmten Disziplin gewachsen sind. Wissenschaftshistorisches Material beweist, daß dieser Umstand einen wesentlichen Einfluß auf die Aufnahme von Entdeckungen ausüben kann. So stießen die Ideen Pasteurs über die biologische Wirkung von Fermenten bei den Chemikern deshalb auf keinen Widerhall, weil sie darauf beharrten, daß es sich bei den von Pasteur entdeckten Prozessen um rein chemische Prozesse handele. Wenn man von der Logik der Wissenschaftsentwicklung spricht, so bezieht man diesen Begriff gewöhnlich auf die Wissenschaft beziehungsweise die Naturwissenschaft als Ganzes. Dafür mag es gewisse Gründe geben. Doch ist dieses Ganze in Wirklichkeit ein recht differenziertes Gebilde, dessen einzelne Komponenten sich durchaus nicht synchron und homogen entwickeln.

Die rasche Entwicklung der „großen Wissenschaft“, ihre ständig komplizierter werdenden inneren und äußeren Zusammenhänge fordern mit Nachdruck eine komplexe wissenschaftstheoretische Analyse derjenigen Fragen, die mit der Aufnahme von Entdeckungen und neuen Ideen zusammenhängen. Mit ihnen sieht sich nicht nur der Wissenschaftshistoriker und Wissenschaftstheoretiker auf Schritt und Tritt konfrontiert. Auch die praktische Organisation der wissenschaftlichen Tätigkeit, ihre Leitung, Planung und Prognose fordern ihre Berücksichtigung, da sich die Erzeugung wissenschaftlicher Ideen nicht von ihrer Anwendung trennen läßt.

Die überwiegende Mehrheit der Arbeiten zum wissenschaftlichen Schöpfertum konzentriert sich auf einen einzigen Aspekt: die Produktion von Ideen. Nicht weniger wichtig – und auf bestimmten Ebenen des Funktionierens der Wissenschaft, insbesondere beim Übergang von der Grundlagenforschung zur angewandten Forschung und zu Entwicklungsarbeiten sogar noch wichtiger – ist aber ein anderer Aspekt: die Konsumtion der Information. Sie vollzieht sich über komplizierte Mechanismen der Aufnahme und Assimilierung der wissenschaftlichen Ideen. Die Erforschung dieser Mechanismen sowie ihrer Rolle in der allgemeinen Entwicklung der Wissenschaft wird uns in die Lage versetzen, die Wirkungsweise eines sehr wichtigen Faktors aufzudecken, der einen wesentlichen Einfluß auf die Effektivität der wissenschaftlichen Arbeit ausübt. Die Erforschung der Art und Weise der Aufnahme neuer Ideen ist eine Voraussetzung für die wissenschaftliche Organisation dieses Prozesses.

Literatur

[1] Barber, B., Resistance by scientists to scientific discovery, in: Science 1961, Bd. 134

[2] Wallas, G., The art of thought, New York 1926

[3] Miller, A. A., Galanter, E., Pribram, K. H., Plans and structure of behaviour, New York 1960

[4] Osborn, A. F., Applied imagination, New York 1957

B. M. Kedrov

Die wissenschaftliche Entdeckung und die Information über sie

Zwei entgegengesetzte Wege des wissenschaftlichen Denkens

Die Frage, auf welchem Wege der Wissenschaftler zu einer Entdeckung gelangt und auf welche Art und Weise er die Information über sie der wissenschaftlichen Welt zur Kenntnis bringt, hängt eng mit dem allgemeinen Problem zweier entgegengesetzter Richtungen in der Entwicklung seines Denkens zusammen. Die erste Richtung dominiert im Anfangsstadium der Untersuchung eines Objektes, wenn die gedanklichen Anstrengungen auf der Suche nach den inneren, im Forschungsgegenstand verborgenen Zusammenhängen und Abhängigkeiten in die Tiefe vordringen. Hier verfolgt die Untersuchung das Ziel, das Wesen des betreffenden Objektes aufzudecken und es in Form abstrakter Begriffe und Kategorien auszudrücken. Die zweite Richtung dominiert im Endstadium der Untersuchung, wenn die gedanklichen Anstrengungen darauf gerichtet sind, alles im vorangegangenen Stadium Gefundene in einer logisch zusammenhängenden und folgerichtigen Form darzulegen. Hier verlagert sich die gesamte Aufmerksamkeit darauf, das gewonnene Material und seine strenge begriffliche Erfassung als logische Widerspiegelung eines real existierenden, in seiner Dynamik und Entwicklung gesehenen Objekts darzustellen, nicht aber noch einmal den Weg der Materialsuche und -beschaffung zu rekonstruieren, dem die Untersuchung im ersten Stadium folgte. Im „Kapital" schreibt Marx: „Allerdings muß sich die Darstellungsweise formell von der Forschungsweise unterscheiden. Die Forschung hat den Stoff sich im Detail anzueignen, seine verschiedenen Entwicklungsformen zu analysieren und deren inneres Band aufzuspüren. Erst nachdem diese Arbeit vollbracht, kann die wirkliche Bewegung entsprechend dargestellt werden. Gelingt dies und spiegelt sich nun das Leben des Stoffs ideell wider, so mag es aussehn, als habe man es mit einer Konstruktion a priori zu tun" [1, S. 27]. In seiner „Einleitung zur Kritik der Politischen Ökonomie" charakterisiert Marx die spezielle Methode dieser Wissenschaft und führt aus, daß in ihr zwei direkt entgegengesetzte

Wege eingeschlagen werden können. Der erste Weg beginnt mit der Untersuchung des konkreten Forschungsgegenstandes, von dem es zunächst nur eine ungeordnete Gesamtvorstellung gibt, von der sich das Denken analytisch zu immer einfacheren Begriffen vorarbeitet. Dieser Weg führt vom Konkreten, in der Vorstellung Gegebenen, zu immer dünneren Abstraktionen, bis schließlich die einfachsten Bestimmungen gefunden sind. Hier nimmt dann der zweite, dem ersten entgegengesetzte Weg seinen Anfang: Er führt von den einfachsten Abstraktionen zu immer konkreteren Vorstellungen, bis man schließlich wieder beim Ausgangsgegenstand angelangt ist, nun aber nicht mehr in seiner ungeordneten Gesamtvorstellung, sondern in der reichen Fülle seiner zahlreichen Bestimmungen und Beziehungen. Offensichtlich ist der erste Weg, wenn man auf die von Marx im „Kapital" gegebene Charakteristik zurückgreift, der *Weg der Forschung* und der zweite der Weg der *Darlegung*. Den zweiten Weg betrachtet Marx als den in wissenschaftlicher Hinsicht richtigen. Der erste führt vom Konkreten zum Abstrakten, der zweite hingegen vom Abstrakten zum Konkreten.

Im allgemeineren Sinne lassen sich diese beiden Wege dahingehend charakterisieren, daß auf dem ersten die Wahrheit gesucht und gefunden wird, sie auf dem zweiten dagegen logisch aufbereitet und (über den lebendigen Kontakt) in das Bewußtsein der wissenschaftlichen Welt hineingetragen wird. Natürlich sind diese beiden Phasen, die Forschung und die Darlegung, nicht in reiner Form streng voneinander zu scheiden, sie sind vielmehr miteinander verflochten und gehen ineinander über. Dennoch läßt sich aber die eine von der andern stets hinreichend klar trennen. Dabei gilt es zu bedenken, daß wohl auf dem Gebiet der Politischen Ökonomie, dem die Hauptarbeiten von Marx angehören, die Frage der Darlegung den ersten Platz einnehmen kann, daß aber in einfacheren und alltäglicheren Fällen die Forschung und Analyse, das heißt die Entdeckung neuer Naturgesetze oder neuer Zusammenhänge und Abhängigkeiten im Forschungsgegenstand an erster Stelle stehen werden. In diesen Fällen läuft die Darlegung darauf hinaus, die Informationen über die gemachte Entdeckung in eine möglichst klare Form zu bringen, was aus erkenntnistheoretischer Sicht eine weit geringere Bedeutung hat als die Entdeckung selbst, auf die sich die Informationen beziehen. Ungeachtet ihrer unterschiedlichen spezifischen Bedeutung bleibt der gegensätzliche Charakter der von Marx als Forschung und Darlegung charakterisierten Verfahren im Prinzip stets erhalten. Beide Wege sind im Hinblick auf ihre logische Ausrichtung stets einander direkt entgegengesetzt.

Bei einer beliebigen wissenschaftlichen Entdeckung tritt im entscheidenden Moment immer die Intuition auf den Plan, die dem Wissenschaftler den Schlüssel für die Lösung seines Problems an die Hand gibt und auf diese Weise die betreffende Entdeckung ermöglicht. Aber die Leistung der Intuition fügt sich von sich aus, in unvermittelter Form, keiner exakten Beschreibung, so daß die Information über die gemachte Entdeckung nicht von einem Bericht darüber, wie im betreffenden Falle die Intuition „ablief", ausgehen kann. Für die Welt der Wissenschaft ist niemals von Belang, *wie* ein betreffendes Ergebnis beziehungsweise eine neue Wahrheit gefunden wurde, sondern stets nur, *was* erzielt beziehungsweise gefunden wurde und ob es tatsächlich als neue Wahrheit aufgefaßt werden kann. Deshalb wird das Bestreben, die Wissenschaftler davon zu überzeugen, daß das Gewonnene tatsächlich eine neue Wahrheit und damit ein echtes Abbild einer Seite der Wirklichkeit ist, zum Hauptanliegen jeder Information über eine neue Entdeckung. Und erst viele Jahre später, wenn die neue Wahrheit unwiderruflich zum festen Besitz der Wissenschaft geworden ist, interessieren sich einige Liebhaber für ihre psychologische Genesis. Dann tauchen Erzählungen vom fallenden Apfel Newtons oder vom springenden Teekannendeckel Watts auf.

Sobald aber die Durchsetzung der neuentdeckten Wahrheit zum Hauptanliegen der entsprechenden Information geworden ist, konzentriert sich die gesamte Aufmerksamkeit des Wissenschaftlers auf die logische Aufbereitung seines Forschungsergebnisses, da er jeden einzelnen seiner Kollegen möglichst klar von der Richtigkeit dessen, das er entdeckt hat, überzeugen will. Dabei stellt sich heraus, daß der Weg, der ihn selbst zu dieser neuen Wahrheit geführt hat, für die anderen keinesfalls so einleuchtend ist, daß er vielmehr allzu viele Windungen, in ihn einfließende Nebenmomente sowie Assoziationen und Analogien aufweist, die ihm selbst im Moment der Entdeckung eine große Hilfe waren, in den Augen derjenigen aber, die sich nach vollzogener Tat mit dem neuen Inhalt vertraut machen müssen, das Wesentliche allzu sehr verschleiern.

Wenn ein Wissenschaftler den Inhalt einer Entdeckung logisch aufbereitet, streicht er alles, was für das Verständnis ihres eigentlichen Sinnes überflüssig ist und richtet sein ganzes Bestreben darauf, die Darlegung (Information) in eine strenge logische Gedankenabfolge zu bringen, die es natürlich während der eigentlichen Entdeckung nicht geben konnte und auch nicht gegeben hat.

Während ihm im Verlaufe der Untersuchung die Intuition kraft einer unerwarteten Assoziation die Lösung eingab, so braucht er nun, da die

Lösung vorliegt, nicht noch einmal den Weg der Intuition nachzuzeichnen, sondern er muß einen in logischer Hinsicht einfacheren und direkteren Weg finden, der die gefundene Wahrheit mit größerer Überzeugungskraft durchsetzen hilft. Hier, in der Darlegung (Information), treten an die Stelle der Intuition die allgemein bekannten Verfahren der formalen und dialektischen Logik, speziell die Verfahren des induktiven und deduktiven Schlusses. Solange es dem Wissenschaftler nicht gelingt, die Informationen über die von ihm gemachte Entdeckung auf diese allgemein anerkannten logischen Operationen zu gründen, werden seine Ergebnisse in der Regel kaum auf Anerkennung stoßen. Je logischer und strenger dagegen seine Ergebnisse dargelegt sind, und zwar unabhängig davon, wie er psychologisch zu ihnen gelangt ist, mit desto größerer Wahrscheinlichkeit werden sie sich in der wissenschaftlichen Welt durchsetzen. Als konkretes Beispiel betrachten wir den Fortgang der wissenschaftlichen Erkenntnis während der Vorbereitung der Entdeckung eines neuen Naturgesetzes und seiner eigentlichen Entdeckung. Der diachronisch ablaufende Prozeß der Erkenntnisgewinnung durchläuft eine Reihe sukzessiver Stadien, die von Engels in der „Dialektik der Natur" einer detaillierten Analyse unterzogen wurden. Dieser Prozeß beginnt immer mit der Sammlung und Ermittlung einzelner Fakten („des Einzelnen"), die danach zu verschiedenen Gruppen zusammengefaßt werden („dem Besonderen"), dem die Aufdeckung der inneren Zusammenhänge zwischen den ausgesonderten Gruppen folgt, die sich letztendlich als ein neues Naturgesetz („das Allgemeine") erweisen können. Engels faßt diesen Vorgang wie folgt zusammen: „In der Tat besteht alles wirkliche, erschöpfende Erkennen nur darin, daß wir das Einzelne im Gedanken aus der Einzelheit in die Besonderheit und aus dieser in die Allgemeinheit erheben, daß wir das Unendliche im Endlichen, das Ewige im Vergänglichen auffinden und feststellen" [2, S. 501].

Heißt das aber, daß sich jede Entdeckung eines neuen Gesetzes in die starre Abfolge dieser drei Kategorien der dialektischen Logik einfügen muß? Kann nicht auch der Fall eintreten, daß, aus welchen Gründen auch immer, diese Abfolge verletzt wird und die drei Kategorien ihre Plätze vertauschen? Die Geschichte der Naturwissenschaften zeigt uns, daß dies tatsächlich so sein kann und daß wir nicht immer die oben angegebene Reihenfolge – Einzelnes, Besonderes, Allgemeines – antreffen. Mitunter scheint es so zu sein, daß dem Forscher das Allgemeine in Form von Mutmaßungen oder Hypothesen vorschwebt, lange bevor der eigentliche Verlauf der Wissenschaftsentwicklung seine Entdeckung möglich und notwendig gemacht hat. Genauso kann auch das Besondere der für seine Erkenntnis notwendigen Ermittlung der einzelnen Fakten (des Einzelnen) vorausgehen.

Nehmen wir zum Beispiel die Geschichte der Atomistik. Atomistische Ideen gab es schon lange bevor die Physik und die Chemie die erforderlichen Fakten zusammengetragen hatten, um aus ihnen eine echte wissenschaftliche Theorie machen zu können, die bewies, daß in diesem Wissensgebiet die Stufe des Allgemeinen erreicht war.

Dasselbe allgemeine Schema – Einzelnes, Besonderes, Allgemeines –, das den Prozeß der Annäherung an ein neues Gesetz und dessen Entdeckung am klarsten und einfachsten wiedergibt, drängt sich auch dann auf, wenn wir vom realen Erkenntnisverlauf absehen und lediglich das Resultat des Erkenntnisprozesses aus rein logischer Sicht ins Auge fassen. Die Logik ist, generell gesagt, stets bemüht, die allgemeinen Zusammenhänge und Beziehungen zwischen den Denkformen zu finden, indem sie sie aus der praktisch unendlichen Menge der realen möglichen Situationen abhebt und die in ihnen aufgetretenen gedanklichen Zickzackbahnen nach den allgemeinen Denkgesetzen korrigiert. Erkennt man das genannte Schema an, so kann sich jeder einzelne Übergang von der einen Stufe zur nächsten also immer noch auf ganz verschiedene Weise vollziehen, je nach dem Stande der Wissenschaft und der Spezifik des Forschungsgegenstandes, ganz zu schweigen von den geistigen Anlagen des betreffenden Wissenschaftlers und den Besonderheiten seines wissenschaftlichen Schöpfertums.

In der „Dialektik der Natur" bemerkt Engels: „Einzelheit, Besonderheit, Allgemeinheit, das sind die Bestimmungen, in denen sich die ganze ‚Lehre vom Begriff' bewegt. Darunter wird dann nicht in einer, sondern vielen Modalitäten vom Einzelnen zum Besonderen und von diesem zum allgemeinen fortgeschritten . . ." [2, S. 494].

Während sich nun diese Übergänge bei dem einen Wissenschaftler aus bestimmten Gründen auf eine Weise vollziehen, die anderen Wissenschaftlern kaum zugänglich ist, so ist er doch keineswegs verpflichtet, seine Entdeckung so darzulegen, wie er sie gemacht hat. Im Gegenteil, findet er nach der vollzogenen Entdeckung eine direktere und einfachere oder, wie man zu sagen pflegt, elegantere Beweisführung, so wird er unabhängig vom eigentlichen Werdegang der Entdeckung auf diese neue und elegantere Herleitung der Ergebnisse zurückgreifen, um ihnen die Anerkennung seiner Kollegen zu verschaffen. Während es also einerseits zwischen den Kategorien des Einzelnen, Besonderen und Allgemeinen eine Vielzahl unterschiedlicher Übergänge und Aufeinanderfolgen geben kann, so ist für den konkreten Einzelfall stets eine optimale Variante vorstellbar, die letztlich der an die wissenschaftliche Welt gerichteten Information über die gemachte Entdeckung zugrunde gelegt wird, wobei in der Regel die Entdeckung selbst bei weitem nicht nach dieser optimalen Variante erfolgte, sondern oftmals einen ganz unverständlichen, seltsamen und in gewissen Punkten sogar irrigen Weg gegangen ist. Ein solcher Irrweg aber kann deshalb auftreten, weil während des Suchens nach der neuen Wahrheit nur eins von Bedeutung ist: diese Wahrheit zu finden. Über die Art und Weise ihrer Auffindung zerbricht sich der Wissenschaftler zu dieser Zeit nicht sonderlich den Kopf. Jedes beliebige Verfahren, und sei es vom gesunden Menschenverstand aus noch so abwegig, ist ihm recht, wenn es nur – selbst über Hintertüren und Umwege – zum Ziele führt. An Eleganz zu denken wäre, wenn die Hauptsache noch nicht erledigt ist, unangebracht. Ist die Lösung hingegen gefunden, so tritt das in den Vordergrund, was solange unbeachtet bleiben konnte, nämlich die Form der Beweisführung, Argumentation und Überzeugung der wissenschaftlichen Welt von der Richtigkeit des Entdeckten.

Im Prozeß der Entdeckung spielen Intuition und Phantasie eine große Rolle, also die Fähigkeit, der irdischen Wirklichkeit und den Gegebenheiten zu entfliehen und sich für einen Augenblick lang in die Sphäre reiner Bilder zu erheben, die gewissermaßen das Produkt eines ungebundenen Schöpfertums sind. Doch selbst in diesen Produkten lassen sich noch immer unzerreißbare Fäden zur lebendigen Wirklichkeit erkennen, so daß der Verstand vermittels der Phantasie und des ungebundenen Schöpfertums unerwartet die Fähigkeit erwirbt, dorthin vorzudringen, wohin ihm der Zugang verwehrt war, solange er unmittelbar an der Erdoberfläche und am unmittelbar Gegebenen haftete.

Ohne diese festen Fäden, die die Phantasie mit der Wirklichkeit verbinden, verstanden und verfolgt zu haben, kann man den tatsächlichen Verlauf des wissenschaftlichen Schaffensprozesses, wie er sich mit besonderer Macht im Moment der Entdeckung manifestiert, nicht verstehen. Selbstverständlich wird das Element der Phantasie aus dem Endergebnis, das der wissenschaftlichen Welt mitgeteilt werden soll, eliminiert, sofern dies der Gegenstand, dem die Information gilt, erlaubt. In dem Maße, wie für das Verständnis des eigentlichen Wesens der Entdeckung ein gewisser Teil Phantasie erforderlich ist, bleibt sie natürlich auch in der Mitteilung erhalten, die der Wissenschaftler an die Welt richtet. Doch wird auch hier eine möglichst strenge Form angestrebt, und die Phantasie bewahrt ihren Anteil lediglich in Form gewisser weitgehender Abstraktionen. Es ist nicht mehr der ungebundene Höhenflug, der sie im Moment des schöpferischen Aktes emporgetragen hatte. In diesem Zusammenhang verdient eine Äußerung

Lenins unsere ganz besondere Aufmerksamkeit: „Denn auch in der einfachsten Verallgemeinerung, in der elementarsten allgemeinen Idee („der Tisch“ überhaupt) *steckt* ein gewisses Stückchen *Phantasie* (vice versa: es ist unsinnig, die Rolle der Phantasie auch in der strengsten Wissenschaft zu leugnen: vgl. Pisarev über den nützlichen Traum als Ansporn *zur* Arbeit und über leere Träumerei)“ [3, S. 353].

Damit wollen wir die vergleichende Analyse der beiden entgegengesetzten Wege, auf denen sich das Denken einmal während der eigentlichen Entdeckung und zum anderen während der Zusammenstellung der entsprechenden Information für die wissenschaftliche Welt bewegt, abschließen. Auf dem ersten Wege können beliebige Formen des Denkens in beliebiger Kombination und in der sonderbarsten Verflechtung genutzt werden, da es lediglich darum geht, den *Inhalt* einer neuen Wahrheit aufzudecken. Auf dem zweiten Wege wird von allen möglichen Formen der Darlegung des bereits gefundenen Inhalts (der Wahrheit) die optimale Form gewählt, da sie der gefundenen Wahrheit in der wissenschaftlichen Welt am besten zur Anerkennung verhelfen kann.

Das bisher Gesagte soll im folgenden an der Geschichte zweier großer Entdeckungen, die im 19. Jahrhundert auf dem Gebiet der Chemie gemacht wurden, veranschaulicht werden. Wir meinen die Begründung der chemischen Atomistik durch J. Dalton im Jahre 1803 und die Entdeckung des Periodischen Systems der Elemente durch D. I. Mendelejew (Mendeleev) im Jahre 1869.

Die Entdeckung der chemischen Atomistik und die Information über sie

Die Entdeckung der chemischen Atomistik wurde von John Dalton, einem englischen Physiker und Chemiker, im Verlaufe zweier Wochen, nämlich zwischen dem 3. und 19. September 1803, in Manchester vollzogen.

Mehrere Jahre lang hatte sich Dalton mit der Untersuchung der Atmosphäre beschäftigt und zu diesem Zwecke regelmäßig meteorologische Beobachtungen durchgeführt, deren Ergebnisse er in sein wissenschaftliches Tagebuch eintrug. Die Hauptfrage, der sein Interesse galt und an deren Beantwortung er lange Zeit arbeitete, war folgende: Wie und warum diffundieren Gase ineinander und bilden dabei ein völlig homogenes Gemisch? Zu diesem Problem stellte er im Jahre 1810 folgendes fest: „Während meiner langjährigen meteorologischen Beobachtungen und in meinen Überlegungen zur Natur und dem Aufbau der Atmosphäre fesselte mich immer wieder die Tatsache, daß die *zusammengesetzte* Atmosphäre beziehungsweise ein Gemisch aus zwei oder mehreren elastischen Fluiden (Gasen – B. K.) eine offensichtlich homogene Masse sein kann, die in jeder mechanischen Beziehung der einfachen Atmosphäre ähnlich ist“ [4, S. 141].

Eine Antwort darauf hatten die französischen Chemiker mit Berthollet an der Spitze auf ihre Art gegeben. Zwischen den Gasen, so sagten sie, gibt es eine chemische Verwandtschaft, und deshalb können sich sämtliche Gase in beliebigen Verhältnissen ineinander lösen. Verdampft beispielsweise Wasser in die Atmosphäre, so löst sich der Wasserdampf einfach in der Luft. Doch ist in diesem Falle der Lösung eine Grenze gesetzt: Bei einer bestimmten Temperatur kann die Luft nur immer eine bestimmte Menge Wasserdampf aufnehmen, wonach die Sättigung eintritt (gesättigter Dampf).

Dalton wies die Unhaltbarkeit dieser Ansichten nach: Vor allem zeigte sich, daß die Menge des „gelösten“ Dampfes nicht von der Luftmenge abhängig ist. In einem bestimmten Volumen kann die Luftmenge um ein Vielfaches vergrößert oder verringert werden, die Menge des gesättigten Dampfes hängt dabei aber einzig und allein von der Temperatur ab. Das könnte aber nicht der Fall sein, wenn die Luft den Wasserdampf tatsächlich in sich lösen würde. Ja noch mehr, der Wasserdampf erreicht den gleichen Sättigungsgrad in völliger Luftleere, und das noch viel rascher als bei Luftanwesenheit. Was dient also dann dem Wasserdampf als Lösungsmittel? Offensichtlich hat die ganze Angelegenheit nichts mit der chemischen Verwandtschaft zwischen den Gasen zu tun und ebenso offensichtlich liegt auch keine gegenseitige Lösung vor. Was aber findet dann tatsächlich statt?

Dalton wandte sich damals dem Studium der Newtonschen Schrift „Mathematische Prinzipien der Naturphilosophie“ zu, in der er auf eine ihn sehr beeindruckende Bemerkung stieß. Newton vertrat dort die Ansicht, daß ein Gas als elastisches Fluidum aus kleinen Teilchen (Atomen) besteht, die sich gegenseitig abstoßen, wobei die Kraft der Abstoßung mit geringer werdendem Abstand zwischen diesen Teilchen zunimmt. Ausgehend davon hatte Newton vom Standpunkt einer atomaren Auffassung das von Boyle entdeckte Gesetz des umgekehrten proportionalen Verhältnisses von Gasvolumen und Gasdruck erklärt.

Newton kannte jedoch nicht die Zusammensetzung der Atmosphäre, so daß seine Erklärung nicht auf den Spezialfall angewandt werden konnte, der Dalton interessierte. Dennoch hatte Dalton sogleich den grundlegenden Gedanken erfaßt: Wesentlich war die Abstoßung zwischen den Gasteilchen und nicht die Anziehung der Teilchen des einen Gases durch die eines anderen. Deshalb stellte Dalton Anfang 1801 die These auf, daß es so viele abstoßende Kräfte wie unterschiedliche Arten von Gasen und Dämpfen gibt. Eine solche Behauptung schien aber völlig unglaubwürdig zu sein. Die französischen Chemiker verwarfen sie von Anfang an, und bei den englischen Chemikern fand sie ebenfalls keine Unterstützung. Besonders heftig wurde Dalton von Thomas Thomson angegriffen. Dalton hörte auf die Kritik und begann einen Weg zu suchen, der es ihm ermöglichen sollte, die Vielzahl unterschiedlicher Anziehungskräfte fallenzulassen. 1803 fiel ihm auf, daß er in seinen bisherigen Überlegungen die Wärme als abstoßende Kraft außer acht gelassen hatte. Zu jener Zeit wurde die Wärme noch von vielen für ein spezielles gewichtsloses Fluidum gehalten. Es mußte also geklärt werden, wie ein einziger Wärmestoff selektiv wirken kann, d.h. wie er dafür sorgen kann, daß sich in dem einen Falle nur die Teilchen, sagen wir, des Sauerstoffs abstoßen und Teilchen anderer Gase völlig unberührt bleiben, jene aber ihrerseits ebenfalls nicht auf die Teilchen des Sauerstoffs einwirken. Konnte eine Lösung in dieser Richtung gefunden werden, so brauchte man nicht derart viele unterschiedliche Anziehungskräfte, wie es in der Natur elastische Fluida (Gase und Dämpfe) gibt, einzuführen. Ein und dieselbe Wärme (Wärmestoff) würde dann sämtliche Prozesse der Abstoßung und Anziehung in den verschiedenen Gasen regulieren. Wie man sich aber die Wirkung dieses Wärmestoffes als Modell veranschaulichen sollte, blieb weiterhin ein Rätsel.

Aber Dalton kam auf eine Idee: Was ist, wenn die Teilchen unterschiedlicher Gasarten verschieden groß sind? In einem solchen Falle könnte man sich vorstellen, daß die größeren Teilchen des einen Gases sich gegenseitig abstoßen, ohne dabei die kleineren Teilchen eines anderen Gases zu beeinflussen oder von ihnen irgendeine Wirkung zu verspüren. Im Ergebnis könnte man sich den Mischungsmechanismus (die Diffusion) von Gasen als ein „Hineinschieben" kleinerer Gasteilchen in die Zwischenräume zwischen größeren Gasteilchen vorstellen. Damit erhob sich aber sofort folgende Frage: Was ist unter den Abmessungen der Gasteilchen zu verstehen? Schließlich hatte Dalton selbst die Wärme als ein von den Atomen gesondert existierendes Fluidum dargestellt. Wo könnte sie lokalisiert sein? Offensichtlich um die eigentlichen Atome herum, die sie als Wärmeatmosphäre umgibt, ähnlich wie die die Erde umgebende Luft die Luftatmosphäre unseres Planeten bildet. Dann wären, nach Dalton, die Dimensionen dieser Teilchen der Gesamtdurchmesser aus Atom und es umgebender Wärmehülle. Könnte nun experimentell nachgewiesen werden, daß diese Dimensionen der Teilchen, aufgefaßt als Summe der Durchmesser des Atoms und der Wärmeatmosphäre, für verschiedene Gase unterschiedlich groß sind, so wäre nach Meinung Daltons die Aufgabe gelöst. Man darf annehmen, daß sich Anfang September 1803 das Problem für Dalton etwa in dieser Form darstellte.

Später lesen wir in seinen Erinnerungen: „Bei der weiteren Prüfung dieser Frage fiel mir auf, daß ich niemals *unterschiedliche Teilchengrößen* für verschiedene Fluida in Betracht gezogen hatte. Unter Größe verstehe ich hier das kompakte Teilchen im Zentrum mit der es umgebenden Wärmeatmosphäre. Wenn nämlich beispielsweise die *Anzahl* der Sauerstoffteilchen in einem gegebenen Luftvolumen nicht genau gleich der Anzahl der Stickstoffteilchen im gleichen Volumen ist, so muß sich die Größe der Sauerstoffteilchen von der Größe der Stickstoffteilchen unterscheiden. Ist aber die *Größe* der Atome unterschiedlich, so kann unter der Annahme, daß die Wärme als abstoßende Kraft fungiert, zwischen verschieden großen Teilchen, die aufeinander einen Druck ausüben, kein Gleichgewicht eintreten" [4, S. 143]. Ab diesem Zeitpunkt suchte Dalton nach einem Weg, die Dimension (Größe) der Teilchen elastischer Fluida zu bestimmen, um auf diese Weise die Richtigkeit der von ihm über die Ursachen der Gasdiffusion und die Bildung eines homogenen Gemisches aufgestellten Hypothese zu prüfen und zu erhärten. Es besteht kein Zweifel, daß seine Überlegungen bis dahin rein physikalischer Natur waren, also in das Gebiet der Physik der Gase und keinesfalls in das der chemischen Wechselwirkungen gehörten. Sobald er aber den Entschluß gefaßt hatte, einen Weg zur Bestimmung der Abmessungen (Größen) von Gasteilchen als aus Atomen und Wärmeatmosphären bestehenden Systemen zu finden, wechselte er, obwohl ihm das selbst offensichtlich gar nicht bewußt war, aus dem Gebiet der Physik in das der Chemie über. Und noch weit weniger konnte er zunächst verstehen, daß dieser Wechsel einen Umschwung in der Chemie herbeiführte, demgegenüber das Bestreben, die Dimensionen von Gasteilchen zu ermitteln und dann die Grundlage des Diffusionsmechanismus zu klären, aus wissenschaftlicher Sicht so gut wie belanglos war. Noch lange Zeit war Dalton davon überzeugt, daß das Wesentliche keinesfalls das war, was er mit seinen Ideen in die Chemie hineingetragen hatte, sondern vielmehr die berüchtigten Wärmehüllen und ihre Durchmesser.

Die eigentliche Begründung der chemischen Atomistik setzte erst dann ein, als Dalton daranging, diese Dimensionen, d. h. den Durchmesser der Teilchen inklusive ihrer Wärmehüllen, rechnerisch zu bestimmen. Um diese Berechnungen ausführen zu können, mußten mindestens zwei neue Vorstellungen eingeführt werden: die vom Atomgewicht eines chemischen Elements und die von der Anzahl der Atome in einem zusammengesetzten Teilchen einer chemischen Verbindung. Diese beiden Vorstellungen wurden aber zur theoretischen Grundlage der gesamten chemischen Atomistik des frühen 19. Jahrhunderts. Es sei deshalb noch einmal wiederholt: Beide Vorstellungen wurden ausschließlich für die Berechnung der Dimensionen von Gasteilchen – und zwar Gasteilchen im Daltonschen Sinne – eingeführt, um ein Modell der Gasdiffusion und ein weiteres Modell des Gasgemisches zu erhalten.

Wie ging das im einzelnen vor sich? Um den Durchmesser der Teilchen zu bestimmen, mußte Dalton das Gesamtvolumen, das von einem bestimmten Gas eingenommen wird, durch die Gesamtzahl der im betreffenden Volumen vorhandenen Gasteilchen dividieren. Die Anzahl der Teilchen war ihm natürlich nicht bekannt, so daß irgendein Umweg für ihre Bestimmung gefunden werden mußte. Offensichtlich mußte es möglich sein, diese Zahl zu finden, wenn das Gewicht des einzelnen Atoms (Teilchens) des betreffenden Gases bekannt war. Dann konnte man das Gesamtgewicht des im betreffenden Volumen befindlichen Gases durch das Gewicht des Einzelatoms teilen und die Teilchenanzahl rechnerisch bestimmen. Aber es war gar nicht daran zu denken, etwa das Einzelatom zu wiegen, speziell unter den Bedingungen der schwach entwickelten Experimentiertechnik jener Zeit. Also mußte man weitere Umwege in Kauf nehmen, um dem gestellten Ziel näher zu kommen.

Ein solcher Umweg war die damals von Dalton verfolgte Idee, nicht vom absoluten, sondern vom relativen Gewicht eines Atoms auszugehen. Dafür brauchte man aber als Bezugsgröße das Atomgewicht irgendeines Elements. Dalton wählte den Wasserstoff, weil er das geringste Gewicht hatte. Nun konnte aus den Gewichtsrelationen der Bestandteile einer chemischen Verbindung, etwa des Wassers, das Atomgewicht anderer Elemente abgeleitet werden; bei Wasser das des Sauerstoffs, wobei $H = 1$ gilt. Auf ähnliche Weise hatten die Chemiker bereits lange vor Dalton durch quantitative Analysen der chemischen Zusammensetzung des Wassers folgende Angaben gewonnen: 85,7 bis 87,4 Prozent Sauerstoff und 14,3 bis 12,6 Prozent Wasserstoff. Daraus hätte sich unter der Annahme, daß ein Wasserteilchen aus zwei Atomen besteht, nämlich aus einem Atom Wasserstoff und einem Atom Sauerstoff, wenn also in heutiger Schreibweise von der Formel HO ausgegangen wird, folgendes Verhältnis für das Atomgewicht des Sauerstoffs ergeben: $87{,}5 : 12{,}5 = 7{,}1$. Bei $H = 1$ hätte sich mit gewissen Korrekturen wegen Meßungenauigkeiten $O = 7$ ergeben.

Nun konnte aber ein Wasserteilchen auch eine andere Anzahl von Atomen enthalten. Dann konnte bei gleichen Analyseergebnissen Sauerstoff das Atomgewicht 14; 21 usw. oder 3,5; 1,75 usw. haben und nicht 7. Um diese Schwierigkeit aus dem Wege zu räumen, traf Dalton die willkürliche Annahme, daß mindestens eine Verbindung zwischen zwei Elementen A und B stets vom einfachen Verhältnis AB ist.

Gibt es aber zwischen zwei Elementen A und B mehrere unterschiedliche Verbindungen, so können zusammengesetzte Verhältnisse von der Form A_2B oder A_3B usw. oder AB_2, AB_3 usw. oder schließlich A_2B_3 usw. auftreten.

Da Dalton das Atomgewicht des Sauerstoffs bereits mit O = 7 angesetzt hatte, konnte er das Atomgewicht des Stickstoffes durch chemische Analyse des Stickstoffoxids bestimmen, für das er die einfache Formel NO angesetzt hatte. Analysen, die noch vor Dalton durchgeführt worden waren, hatten folgende Werte ergeben: 57,9 Prozent Sauerstoff und 42,1 Prozent Stickstoff, so daß für das Atomgewicht des Stickstoffs der Wert N = 5 folgte. Wenn das stimmte, so konnte man für das Distickstoffoxid die Formel N_2O annehmen, da die Analysewerte 40,7 Prozent Sauerstoff und 59,3 Prozent Stickstoff betrugen. Auf diese Weise fand Dalton die Formeln anderer Stickoxide, womit das Gesetz der multiplen Proportionen als allgemeine Grundlage der gesamten chemischen Atomistik entdeckt worden war.

Wir wollen unsere Aufmerksamkeit nun noch einmal auf den Werdegang dieser Entdeckung lenken. Zunächst wurden die Dimensionen von Gasteilchen gesucht, das heißt die theoretische Vorstellung vom Atom war bereits gegeben. Nach der Annahme Daltons waren die Atome von einer Wärmestoffhülle umgeben, und wollte man ihren Durchmesser ermitteln, mußten zunächst die Atomgewichte bestimmt werden, oder genauer gesagt, die Relationen zwischen dem Atomgewicht der einzelnen Elemente und dem des Elements H, das für diese Zwecke gleich 1 gesetzt worden war. Nachdem dieser Schritt getan war, versuchte Dalton zu klären, wieviele und welche Atome sich in einem zusammengesetzen Teilchen einer chemischen Verbindung miteinander vereinigen können. Als auch das geklärt war, zog er folgenden, sehr weitreichenden Schluß: Da sich die Atome nur als ganze Atome, also als unteilbare Teilchen miteinander verbinden können, müssen sich auch für makroskopische Mengen chemischer Verbindungen ganzzahlige vielfache Verhältnisse (multiple Proportionen) ergeben. Anders gesagt, das Element A und das Element B können sich nur im Verhältnis 1 : 1; 1 : 2; 2 : 3; usw. miteinander verbinden. Die gleichen Proportionen müssen deshalb auch in den Gewichtsverhältnissen der sinnlich meßbaren Bestandteile von Verbindungen auftauchen. Das wies Dalton anhand von Analysen nach, die andere Chemiker an Verbindungen zwischen Sauerstoff und

Stickstoff, Sauerstoff und Kohlenstoff (Kohlenmonoxid und Kohlendioxyd) sowie zwischen Schwefel und Sauerstoff (Schwefelanhydrid und schwefliges Anhydrid) usw. durchgeführt hatten.

Dies ist der Werdegang der Entdeckung der chemischen Atomistik. Wie wir gesehen haben, ist er in den Vorstellungen Daltons von Anfang an mit den mystischen Wärmestoffhüllen der Atome und mit einem naiven Gasdiffusionsmodell verbunden, dem gewissermaßen das Einsieben kleinerer Korngrößen in die Zwischenräume zwischen größere Korngrößen zugrunde lag.

Dalton trug seine Gedanken und Entdeckungen fortlaufend in sein privates Arbeitstagebuch ein. Dabei dachte er zunächst nicht daran, seine Entdeckungen anderen Wissenschaftlern mitzuteilen. Offensichtlich war er weit davon entfernt, ihre Bedeutung für die Chemie zu erkennen, da er noch immer der Ansicht war, daß dies alles die Begründung und Prüfung eines Modells der Gasdiffusion und -mischung betreffe.

Es ist allerdings möglich, daß er später, als er etwa ein Jahr nach seinen Entdeckungen die Untersuchung in der gleichen Richtung fortsetzte, sich der Aufgabe gegenübersah, die von ihm über die unterschiedlichen Dimensionen (Volumina) von Gasteilchen aufgestellte Hypothese nicht anhand der alten, von seinen Vorgängern stammenden Daten zu überprüfen, sondern auf der Grundlage eigener experimenteller Arbeiten, die er zur Klärung der chemischen Zusammensetzung verschiedener Stoffe in Angriff nehmen wollte.

Seine Wahl fiel auf die Verbindungen des Kohlenstoffs mit dem Wasserstoff, die bis dahin noch keiner vergleichenden Analyse unterzogen worden waren. Die eine Verbindung war das Sumpfgas (Methan) und die andere das ölbildende Gas (Äthylen). Wenn die Hypothese, die Dalton für die Berechnung der Dimensionen von Gasteilchen aufgestellt hatte, richtig war, so mußten die Proportionen zwischen den beiden Kohlenwasserstoffen so beschaffen sein, daß in dem einen Falle auf die gleiche Menge Kohlenstoff ein ganzzahliges Vielfaches an Wasserstoff des anderen Falles kam. In seinem Tagebuch vermerkte Dalton im August des Jahres 1804, daß er sich damit beschäftigt, die Zusammensetzung „einer gasförmigen Kohlenstoffverbindung aus stehendem Wasser“ zu klären und daß dieser neue Kohlenwasserstoff „keinen Sauerstoff enthält, wohl aber vor der Reinigung eine Beimengung von 7 oder 8 Prozent Kohlensäure“. Dann stoßen wir auf folgende bedeutsame Eintragung: „Es stellt sich die Frage, ob nicht der Äther nach alledem was gesagt wurde, jene Verbindung von 1 Kohlenstoff und 1 Wasserstoff ist?“ Auf diese Frage gibt er zwei Antworten, die wir hier unter Verwendung der heute üblichen Schreibweise anführen wollen: 1. CH ist Äther und CH_2 ölbildendes Gas (Äthylen); 2. C_2H ist Äther und CH ölbildendes Gas; CH_2 ist Kohlenwasserstoff.

Danach ging Dalton daran, die von ihm getroffene Annahme experimentell zu prüfen. Noch im August des gleichen Jahres 1804 sammelte er in den Sümpfen um Manchester Sumpfgas, das er auf seine Zusammensetzung hin analysierte. Dazu schrieb er vier Jahre später folgendes: „Über das Gas, das wir uns nun anschicken zu beschreiben, gab es solange keine auch nur einigermaßen richtige Vorstellung, wie die Atomtheorie nicht vorgelegt und auf seine Untersuchung angewandt wurde. Im Sommer 1804 sammelte ich an verschiedenen Stellen und zu verschiedenen Zeiten Brenngas, das ich aus Tümpeln entnahm. Ich stellte fest, daß dieses Gas immer Spuren von Kohlensäure und eine gewisse Menge Stickstoff enthielt und daß es nach der Reinigung von diesen letzteren eine homogene Zusammensetzung aufwies. Nach entsprechenden Untersuchungen gelangte ich zu der Überzeugung, daß genau die Hälfte des Sauerstoffs, der für die Verbrennung des Gases im Voltaschen Eudiometer benötigt wurde, für den Wasserstoff aufgebraucht wurde und die andere Hälfte für die Kohle. Diese Leitfakten gaben mir den Schlüssel für die Zusammensetzung des Gases in die Hand“ [4, S. 135].

Das schöpferische Denken hatte also, nachdem der Entdeckungsgang eingeleitet war, Dalton auf einem langwierigen und kurvenreichen Wege schließlich zum logischen Ergebnis geführt: Zunächst wurde auf der Grundlage einer Theorie die Annahme (Vorhersage) getroffen, daß sich C und H wie alle anderen chemischen Elemente in einfachen ganzzahligen Verhältnissen miteinander verbinden, und dann wurde diese rein theoretisch begründete Vorhersage überprüft und im Ergebnis der Analyse zweier Kohlenwasserstoffe empirisch bestätigt.

Zu eben dieser Zeit, im August 1804, empfing Dalton den Besuch Thomas Thomsons, der kurz zuvor die Daltonsche Erklärung der Gasdiffusion, die bekanntlich auf spezifischen abstoßenden Kräften beruhte, verworfen hatte. Diese persönliche Begegnung war sehr kurz. In seinem drei Jahre später erschienenen Lehrbuch, das eine weite Verbreitung fand, bemerkte Thomson in dem Kapitel „Die Hypothesen Daltons über die Dichte von Gasatomen“, daß der Inhalt dieses Kapitels das „Ergebnis eines nur wenige Minuten dauernden Gesprächs und einiger flüchtiger Notizen“ sei [5, S. 25]. In dieser kurzen Zeit hatte Dalton wohl kaum den gesamten Weg erläutern können, den seine Gedanken von der Suche nach einem Mechanismus der Gasdiffusion bis hin zum Abschluß der chemischen Analyse des Methans zurückgelegt hatten. Es ist deshalb viel wahrscheinlicher, daß Dalton, um seinen Gast möglichst rasch von der Wahrheit seiner Entdeckungen zu überzeugen, sofort mit der Hauptsache begann, mit dem also, womit er sich im August 1804 beschäftigte. Das aber waren die Ergebnisse seiner experimentellen Untersuchungen, die am Beispiel zweier Kohlenwasserstoffe bestätigt hatten, daß sich zwei Elemente, in diesem Falle C und H, in einfachen ganzzahligen Verhältnissen miteinander verbinden, oder mit anderen Worten, daß die einzelnen Bestandteile nur als ganzzahlige Vielfache und unteilbare Anteile in eine Verbindung eingehen können. Sobald Dalton diese empirisch gefundene Tatsache seinem Zuhörer bewußt gemacht hatte, konnte er sogleich zur theoretischen Interpretation übergehen: Die Vereinigung einer bestimmten Menge C mit einem *einzigen* Anteil H im ölbildenden Gas (Äthylen) und der gleichen Menge C und zwei gleich großen Anteilen H im Sumpfgas (Methan) ist so zu erklären, daß die Teilchen dieser Gase durch Verbindungen von Atomen entstehen, und zwar im ersten Falle eines Atoms C mit *einem* Atom H, im zweiten Falle hingegen eines Atoms C mit *zwei* Atomen H. Somit bot sich nach dem Bericht Thomsons folgendes Bild: Nachdem Dalton die Zusammensetzung der beiden Kohlenwasserstoffe bestimmt hatte und die in ihnen vorhandenen Wasserstoffmengen auf die gleiche Kohlenstoffmenge bezogen hatte, entdeckte er zunächst das Gesetz der multiplen Proportionen und wandte sich dann der Atomistik als der rationalen Erklärung dieser Proportionen zu. Daß die von Dalton an Thomson gegebene Information aller Wahrscheinlichkeit nach so beschaffen war, folgt nicht nur aus der Mitteilung Thomsons, daß die Unterhaltung nur einige Minuten gedauert hatte, sondern auch aus dem Inhalt dessen, was er in seinem Buch mit Erlaubnis Daltons abdruckte. Noch kurz vor der Veröffentlichung hatte Thomson an Dalton folgendes geschrieben: „Ich habe der Darlegung Ihrer Atomlehre in meiner Neuauflage, die noch nicht herausgekommen ist, eine sehr detaillierte Behandlung zuteil werden lassen; dennoch wird sie sich kaum von Ihren Schlußfolgerungen unterscheiden“ [6, S. 142].

Fast ein Vierteljahrhundert später führt der gleiche Thomson in seiner „Geschichte der Chemie“ folgende Erinnerungen an: „Mr. *Dalton* hatte mir berichtet, daß ihm die Atomlehre erstmalig zu dem Zeitpunkt in den Sinn gekommen war, als er seine Untersuchungen am ölbildenden und am Kohlenwasserstoffgas (Sumpfgas – B. K.) durchführte, die damals noch nicht genügend erforscht waren und deren Aufbau erstmalig von *Dalton* selbst bestimmt wurde“ [7, S. 291].

In der gleichen Arbeit geht Thomson näher auf die Umstände ein, die ihn sofort veranlaßt hatten, ein leidenschaftlicher Verfechter der Daltonschen Ansichten zu werden: „Diese glückliche Idee, die Atome und die Struktur von Körpern durch Symbole darzustellen, verlieh dem Gedanken Daltons eben jene überzeugende Klarheit. Ich war von einem neuen Licht überstrahlt, das meinen Verstand erleuchtete, und vom ersten Augenblick an verstand ich die Bedeutsamkeit dieser Theorie, sobald sie nur erst einmal voll entfaltet sein wird."

Thomson hätte wohl kaum diese Zeilen geschrieben, hätte ihn Dalton durch sämtliche Peripetien seiner leidgeprüften Gedankengänge geführt, die sich in die exotische Welt phantastischer Wärmehüllen verirrt hatten, die gewissermaßen die einzelnen Atome einfingen und sie zwangen, sich zu bewegen, sich zu überlagern und eben alle ihnen eigenen Bewegungen auszuführen. Alles das hatte Dalton wohlweislich aus seiner Information ausgeschlossen, so daß Thomson nur das Wichtigste, das *Wesen* der im Ergebnis langjähriger Forschungen und Überlegungen gewonnenen Ergebnisse kennenlernte. Und eben dieses Wesen wurde von Thomson derart rasch erfaßt und aufgenommen und an die anderen Chemiker seiner Zeit weitergegeben.

Betrachten wir den Inhalt der von Dalton an Thomson gegebenen Information etwas genauer, so erweist sich, daß die logische Darlegung, zu der Dalton am Schlusse gelangt war, in einem gewissen Sinne dem eigentlichen Ablauf der Gedanken, die ihn zu seiner Theorie und zu ihrer Verifizierung geführt hatten, genau *entgegengesetzt* war. Historisch gesehen bewegten sich die schöpferischen Gedanken von der allgemeinen Vorstellung des Atoms zu der Idee, daß sich die Atome in ganzzahligen, unteilbaren Anteilen miteinander verbinden, woraus beim Übergang von mikroskopischen zu makroskopischen Mengen das Gesetz der multiplen Proportionen folgte, das zunächst rein theoretisch abgeleitet und dann durch die chemische Analyse zweier Kohlenwasserstoffe direkt experimentell bestätigt wurde.

Die an Thomson übermittelte Information war jedoch in logischer Hinsicht so aufgebaut, daß zunächst die Ergebnisse der eben erst abgeschlossenen Experimente mitgeteilt wurden, d. h. die Zusammensetzung zweier Kohlenwasserstoffe, so daß diese Ergebnisse als unmittelbar gegebene Fakten hingenommen werden mußten. Danach wurde gezeigt, wie aus den gewonnenen experimentellen Ergebnissen direkt das Gesetz der multiplen Proportionen abgeleitet werden kann, woraus schließlich logisch zwangsläufig die Annahme der atomistischen Hypothese folgt.

Warum hat Dalton seine Information gerade so und nicht anders geordnet, und warum wurde sie von Thomson so positiv aufgenommen? Offensichtlich deshalb, weil sie sich in logischer Hinsicht in völligem Einklang mit dem Verlauf des wissenschaftlichen Denkens befand, wie er für die Entdeckung eines neuen Naturgesetzes gewissermaßen als normal gilt: vom Einzelnen (einzelne Fakten) zu deren Zusammenfassung nach bestimmten Besonderheiten, in unserem Falle den ganzzahligen vielfachen Verhältnissen zwischen den meßbaren und sinnlich wahrnehmbaren Bestandteilen – den beiden Elementen C und H – der chemischen Verbindungen, und zur Aufdeckung des Allgemeinen, also zur Anerkennung der atomistischen Struktur aller Stoffe überhaupt. Auch wenn die Gedanken Daltons in Wirklichkeit den genau entgegengesetzten Verlauf genommen hatten, nämlich vom Allgemeinen (der atomistischen Idee) zum Besonderen (der Annahme ganzzahliger vielfacher Proportionen zwischen den Bestandteilen chemischer Verbindungen) und von da wieder zurück zum Allgemeinen (der Anerkennung der atomaren Struktur des Stoffes), hat die wissenschaftliche Welt dennoch, als sie das *Endergebnis* der betreffenden Entdeckung kennenlernte, ihren Inhalt und damit auch den scheinbaren Hergang der Entdeckung in umgekehrter Reihenfolge aufgenommen.

Das war völlig verständlich und entsprach außerdem vollständig dem üblichen Gang jedes Denkens: Zunächst die Fakten, dann die Aufdeckung der in ihnen enthaltenen empirischen Regelmäßigkeiten und von ihnen zur theoretischen Erklärung dieser Regelmäßigkeiten und damit auch der festgestellten Ausgangsdaten.

Das alles bedeutet, daß Dalton, nachdem er seine Entdeckung gemacht hatte, die logische Beweisführung zu seinen Gunsten umkehrte und sie dem üblichen Gange der Aufnahme neuer Wahrheiten durch die wissenschaftliche Welt, nämlich dem Schema „Einzelnes, Besonderes, Allgemeines“ anpaßte, ohne auf den eigentlichen Hergang der Dinge Rücksicht zu nehmen.

Gewiß, einige Jahre später berichtete Dalton in seinen Vorlesungen, die er 1810 am Londoner Königlichen Institut hielt, wie er eigentlich zur Entdeckung der chemischen Atomistik gekommen war. Allerdings war dies keine Erstinformation über eine eben gemachte Entdeckung, sondern eine spätere Darlegung ihres eigentlichen Werdegangs. Breite Kreise von Wissenschaftlern hat diese Mitteilung sowieso nicht erreicht, und erst ganze Jahrzehnte später haben Roscoe und Harden die Abschnitte der Tagebücher und Aufzeichnungen Daltons, die sich auf die Jahre der Ausarbeitung der chemischen Atomistik beziehen, herausgegeben. Die wissenschaftliche Welt aber hatte ihre Vorstellung von der Entdeckung Daltons ein für allemal aus dem Bericht Thomsons erhalten, den er seinerseits unmittelbar auf die im August 1804 direkt von Dalton erhaltenen Ausführungen gründete.

1805 veröffentlichte Dalton seinen Artikel „Über die Absorption von Gasen durch Wasser und andere Flüssigkeiten“, dem er ein Verzeichnis der Atomgewichte verschiedener Elemente und ihrer Verbindungen beifügte (die Gewichte der Teilchen von Verbindungen bezeichnete er ebenfalls als „Atomgewichte“), ohne jedoch anzugeben, auf welche Weise er sie gewonnen hatte. 1808 erschien Teil I und 1810 Teil II des ersten Bandes seines „Neuen Systems der chemischen Philosophie“, dem die von ihm begründete Atomlehre zugrunde lag. Doch war im Bewußtsein der gesamten wissenschaftlichen Welt die Daltonsche Entdeckung in der Variante verankert, die Thomson ehedem von Dalton empfangen hatte. Diese Vorstellung herrscht so unerschütterlich, daß sie sich zuweilen bis auf den heutigen Tag in Lehrbüchern der Chemie und der Geschichte der Chemie findet.

So war beispielsweise ein Zeitgenosse Daltons, der englische Chemiker William H. Wallaston, zur gleichen Zeit, als Dalton seine Entdeckung machte, dem Gesetz der multiplen Proportionen recht nahe gekommen, allerdings nicht auf der Grundlage der Untersuchung von Gasen, sondern von Festkörpern. Wollaston analysierte die Oxide verschiedener Elemente und stellte dabei faktisch fest, ohne sich dessen bewußt zu werden und daraus eine allgemeine Schlußfolgerung zu ziehen, daß auf ein und dieselbe Menge eines oxydierten Elements stets ein Vielfaches einer bestimmten Sauerstoffmenge entfällt. Bezeichnet man die Menge des betreffenden Elements mit A, so kann sich Sauerstoff mit ihr nur in einer ganz bestimmten Menge beziehungsweise einem ganzzahligen Vielfachen, niemals aber einem Bruchteil dieser Menge verbinden. Als Wollaston über das Buch Thomsons, das 1807 herauskam, mit der Daltonschen Entdeckung bekannt wurde, erkannte er darin das gleiche Gesetz der multiplen Proportionen wieder, das er gewissermaßen, ohne sich dessen bewußt zu sein, in den Händen gehalten hatte. Etwas später, im Januar 1808, schrieb er: „Seit der Veröffentlichung der Daltonschen Theorie, wie sie von Doktor Thomson dargelegt und erläutert wird, scheinen Untersuchungen der Art, wie ich sie vorhabe, überflüssig zu sein, da sämtliche von mir bisher beobachteten Fakten lediglich spezielle Beispiele der allgemeinen These Daltons sind, der festgestellt hat, daß sich Elementarteilchen eines Stoffes (d. h. Atome – B. K.) stets Atom zu Atom verbinden, bzw. wenn ein Stoff im Überfluß vorhanden ist, in einem ganzzahligen Verhältnis ihrer Atome“ [8, S. 96].

Dieses Zitat entstammt dem Artikel W. H. Wallastons „Über Peroxide und Monoxide von Salzen". Wir können hieraus ersehen, daß die Zeitgenossen Daltons seine Entdeckung deshalb so rasch und bereitwillig aufnahmen, weil sie etwa zur gleichen Zeit wie er selbst den Weg eingeschlagen hatten, den Thomson getreu den Worten Daltons dargelegt hatte. Und aus dem gleichen Grund behielt auch die spätere Version Thomsons, obwohl sie in abgeänderter Form erschien, die frühere Grundlage bei, d. h. sie folgte dem Schema: Einzelnes (Tatsachen), Besonderes (empirisch gefundene ganzzahlige Vielfache) und Allgemeines (die atomistische Theorie als deren Erklärung).

So war zum Beispiel der persönliche Freund Daltons W. Henry der Meinung, daß die chemische Atomistik von seinem Freund auf eben die Weise begründet worden war, wie dies Thomson mitgeteilt hatte (Einzelnes, Besonderes, Allgemeines), lediglich mit dem Unterschied, daß als Ausgangsdaten die chemische Analyse der Zusammensetzung von fünf Sauerstoffverbindungen des Stickstoffs und nicht von zwei Kohlenwasserstoffen dienten. Dieses Schema – von den Tatsachen über die empirische Verallgemeinerung zur theoretischen Interpretation – hatte sich derart fest in der wissenschaftlichen Welt eingebürgert, daß es schier unmöglich schien, vorsätzlich einen anderen Weg anzunehmen. Als Gay-Lussac im Jahre 1808 feststellte, daß Gase chemisch miteinander so reagieren, daß ihre Volumina in einfachen ganzzahligen Verhältnissen zueinander stehen, setzte sich auch hier das gleiche Schema durch: Am Anfang standen empirische Daten, aus denen eine empirisch bestätigte Verallgemeinerung gewonnen wurde, ähnlich dem Daltonschen Gesetz der einfachen ganzzahligen Vielfachen (multiplen Proportionen) der Gewichte der beteiligten Stoffe, hier allerdings in bezug auf die Volumina. Gewiß, Gay-Lussac war im Gegensatz zu Dalton bei der empirischen Verallgemeinerung stehengeblieben und nicht zur theoretischen (atomistischen) Interpretation der von ihm gemachten Entdeckung vorangeschritten. Das tat an seiner Stelle etwas später Berzelius, der in bezug auf die Volumenverhältnisse das oben für die Bewegung des wissenschaftlichen Denkens angeführte Schema vom Einzelnen über das Besondere zum Allgemeinen zu Ende führte.

Wir führen nur zwei Beispiele an, die uns zeigen sollen, wie fest und unerschütterlich die Version von der Entstehung der Daltonschen chemischen Atomistik selbst das Bewußtsein der nachfolgenden Generationen beherrschte. In einer Quelle, die vor etwa einhundert Jahren erschien, heißt es: „Als Dalton zwei gasförmige Verbindungen des Kohlenstoffes mit dem Wasserstoff, das Sumpfgas und das ölbildende Gas, untersuchte, stellte er fest, daß das erste auf die gleiche

Menge Kohlenstoff doppelt soviel Wasserstoff wie das zweite enthielt. Auf ähnliche einfache ganzzahlige Verhältnisse stieß er auch bei Verbindungen des Kohlenstoffs mit dem Sauerstoff und des Sauerstoffs mit dem Stickstoff. Die aus diesen Tatsachen abgeleiteten konstanten und multiplen Proportionen erklärte Dalton auf der Grundlage der *atomistischen Theorie* ... Auf diese philosophischen Vorstellungen von der Zusammensetzung der Materie hatte Dalton zurückgegriffen, um die Gesetze der konstanten und multiplen Proportionen erklären zu können" [9, S. 204–206].

Diese Auffassung von der Entstehungsgeschichte der chemischen Atomistik war zu jener Zeit bereits zu einer unumstößlichen Tradition geworden. Ein Vierteljahrhundert später fanden Roscoe und Harden die Aufzeichnungen und Tagebücher Daltons und veröffentlichten entsprechende Abschnitte, womit die allgemein übliche, jedoch den Tatsachen keinesfalls entsprechende Auffassung vollständig widerlegt war. Aber die Kraft der Tradition und der Glaube an den herkömmlichen Weg, stets nur von den Fakten zur Verallgemeinerung und von da zur theoretischen Interpretation voranzuschreiten, waren im Bewußtsein ganzer Chemikergenerationen derart stark, daß selbst nach der Veröffentlichung der Daltonschen Aufzeichnungen durch Roscoe und Harden in der Geschichte der Chemie weiterhin die alten, auf Thomson zurückgehenden Ansichten verbreitet wurden. So wird selbst in unserer Zeit immer wieder behauptet, daß Dalton „auf der Grundlage der chemischen Analyse von Gasen zu seiner Theorie gelangt sei: Zu Beginn des vorigen Jahrhunderts bestimmte er die Zusammensetzung des ölbildenden und des Sumpfgases ... Ähnliche Fakten konnten auch für Stickoxyde nachgewiesen werden. Das alles war der Ausgangspunkt für die Ausarbeitung der Atomtheorie" [10, S. 159].

Wir haben diese beiden Stellen angeführt, nicht um die Autoren wegen ihrer falschen Darstellung zu tadeln, sondern um zu zeigen, wie fest die den üblichen Denknormen entsprechenden Konzeptionen in das Bewußtsein der wissenschaftlichen Welt eingehen und wie zählebig sie von Generation zu Generation überdauern, ungeachtet der Tatsache, daß Fakten vorliegen, die ihnen direkt entgegengesetzt sind und sie widerlegen.

So haben wir hier am Beispiel der Daltonschen Atomistik die beiden entgegengesetzten Wege des wissenschaftlichen Denkens verfolgen können: den Weg der Entdeckung einer neuen Wahrheit und den Weg ihrer Aufnahme und Durchsetzung in der wissenschaftlichen Welt.

Die Entdeckung des Periodengesetzes der chemischen Elemente und die Information über sie

Das Periodengesetz der chemischen Elemente wurde von dem russischen Chemiker Dimitrij Ivanovič Mendeleev in Petersburg im Verlaufe eines einzigen Tages, des 1. März (17. Februar) 1869, entdeckt. Aber genauso wie die Begründung der chemischen Atomistik durch Dalton hat auch diese Entdeckung eine lange Vorgeschichte und eine darauf folgende Entwicklung, die in der experimentellen Überprüfung der auf der Grundlage dieser Entdeckung getroffenen Vorhersage ihren Abschluß fanden. Wir wollen auch hier zunächst den Gang der Entdeckung verfolgen und dann auf die Information eingehen, die auch in diesem Falle vom Autor selbst ausging.

Mendeleev befaßte sich fünfzehn Jahre lang, seit Abschluß des Pädagogischen Instituts, als er noch Student war (1854), bis zu seiner Berufung als Professor an die Petersburger Universität und der Übernahme einer Vorlesungsreihe über die Chemie, die er später zu seinen „Grundlagen der Chemie“ erweiterte, mit den verschiedenen Aspekten der Wechselbeziehungen zwischen den chemischen Elementen und näherte sich so allmählich der Entdeckung des Periodengesetzes.

Die Entdeckung selbst erfolgte, als er eine Tabelle der Elemente aufstellte, die auf ihren Atomgewichten und der chemischen Verwandtschaft zwischen ihnen beruhte. Diese Tabelle wurde ständig in ihren Details präzisiert und in all ihren Gliedern beständig überprüft, so daß das Ergebnis das natürliche System der Elemente war, das Mendeleev 1871 als periodisch bezeichnete.

Die Kenntnisse der Chemiker hatten sich lange vor Mendeleev auf diese große Entdeckung zubewegt. Diese ganze Bewegung läßt sich vollständig in das oben angeführte Schema einfügen. Sie hatte beim Einzelnen angefangen und war später zum Besonderen übergegangen. So durfte völlig natürlich und logisch erwartet werden, daß sich danach ein Übergang zu der höheren Ebene des Allgemeinen – in Form eines neuen Gesetzes, das sämtliche bis dahin auf dem Gebiet der Lehre von den chemischen Elementen gemachten Erkenntnisse zusammenfaßt – vollziehen wird. Das Einzelne waren in diesem Falle die Angaben über die einzelnen Elemente, ihre Verbindungen und ihre Eigenschaften – und zwar sowohl chemische wie auch physikalische – und das Besondere die Gruppe von Elementen samt ihren Gruppeneigenschaften. Die Gliederung in Gruppen wurde durch einen sehr wichtigen Umstand gefördert: Bis in die Mitte des 18. Jahrhunderts hinein wurden neue chemische Elemente lediglich einzeln, gewissermaßen völlig zufällig, ohne jeden Zusammenhang und ganz und gar unabhängig von den bereits bekannten Elementen entdeckt. Diese Situation hielt auch noch später an, aber in der zweiten Hälfte des 18. Jahrhunderts war etwas Neues hinzugekommen: die Entdeckung neuer Elemente in ganzen Gruppen. So wurden die mit Eisen eine Gruppe bildenden Elemente entdeckt, zunächst Nickel und Kobalt und später auch Mangan, Chrom und Titan. Die ersten beiden kommen mit Eisen in dessen natürlichen Lagerstätten vor und hängen direkt mit ihm zusammen. Die gleiche Erscheinung war auch in der Chemie der Gase zu beobachten. Im letzten Drittel des 18. Jahrhunderts wurde ein Gas nach dem anderen entdeckt, die allesamt neue chemische Elemente darstellten, darunter auch die Bestandteile der Erdatmosphäre Sauerstoff und Stickstoff sowie Wasserstoff und Chlor.

Aber bis an das 19. Jahrhundert heran war dies noch nicht der vorherrschende Typ von Entdeckungen. Erst in den ersten Jahrzehnten des 19. Jahrhunderts wird die gruppenweise Entdeckung neuer chemischer Elemente zum Hauptweg. In den Jahren 1807–1808, also gerade zu der Zeit, als Dalton seine chemische Atomistik ausarbeitete, entdeckte H. Davy, als er die allgemeinen Prinzipien der Elektrolyse für die Zwecke der chemischen Analyse nutzbar machte, erstmalig die Gruppe der Alkalimetalle (Natrium und Kalium) sowie die Gruppe der Erdalkalimetalle (Kalzium, Strontium und Barium). Etwas früher (1803) waren die Begleiter des Platin entdeckt worden, die in zwei Gruppen zerfallen, die des Platins und die des Palladiums. Es wurden immer mehr Gruppen entdeckt, insbesondere in den sechziger Jahren, als Bunsen mit Hilfe der allgemeinen Methode der Spektralanalyse, die er zusammen mit Kirchhoff entwickelt und weiter ausgearbeitet hatte, die restlichen Elemente der Gruppe der Alkalimetalle (Rubidium und Caesium) entdeckte. Bald wurden, ebenfalls mit der Methode der Spektralanalyse, auch zwei Metalle der künftigen dritten Gruppe des Periodensystems, nämlich Indium und Thallium, entdeckt. Das Ergebnis war, daß man Ende der sechziger Jahre des 19. Jahrhunderts insgesamt 64 Elemente kannte, von denen die meisten in zusammengehörigen Gruppen entdeckt worden waren. Parallel dazu liefen seit dem Ende des 18. Jahrhunderts Versuche, sämtliche Elemente zu klassifizieren, indem man sie in einzelne Gruppen zusammenfaßte. Gruppen erhielt man stets dann, wenn die Entdeckung auf der Anwendung einer allgemeinen physikalischen Methode beruhte, die für die betreffende Gruppe spezifisch war. Die Anwendung solcher Methoden war deshalb möglich geworden, weil die betreffenden Elemente ein oder auch mehrere gemeinsame, für sie charakteristische Merkmale besaßen, die

die Zusammenfassung zu einer natürlichen Gruppe erlaubten. Auf diese Weise wurden die Elemente der Gruppe der Alkalimetalle, der Erdalkalimetalle, der Halogene und andere gefunden.

Doch ging man vor den sechziger Jahren nicht über die Gliederung in natürliche (besondere) Gruppen hinaus. Man hatte also seit langem den Übergang vom Einzelnen zum Besonderen vollzogen, verharrte aber auf dieser Stufe, da man keine Wege und Möglichkeiten sah, zur nächsthöheren Stufe der Verallgemeinerung vorzudringen, oder anders ausgedrückt, weder die Möglichkeit noch die Notwendigkeit ins Auge faßte, das Naturgesetz zu erkennen, dem sich sämtliche chemische Elemente und sämtliche natürlichen Gruppen unterordneten.

Aus logischer Sicht läßt sich dieses Zögern beim Übergang vom Besonderen zum Allgemeinen durchaus erklären. Bei der Gliederung der Elemente in natürliche Gruppen wurden lediglich die Merkmale berücksichtigt, die eine außerordentlich starke Verwandtschaft zwischen den betreffenden Elementen bekundeten (sogenannte vollständige Analoge). Mit anderen Worten, es wurden nur völlig analoge Elemente zusammengefaßt und von allen anderen scharf abgegrenzt. Es ist indessen ganz offensichtlich, daß neben den verwandten auch die nicht miteinander verwandten Elemente berücksichtigt werden müssen, wenn man zu einer generellen, sämtliche Elemente einschließenden Klassifizierung gelangen will.

In dem Gesagten liegt das ganze Geheimnis der Mendeleevschen Entdeckung. Wir wiederholen deshalb noch einmal: Um ein System sämtlicher Elemente aufbauen zu können, mußten nicht nur die Beziehungen zwischen den verwandten, sondern auch zwischen den nicht miteinander verwandten Elementen untersucht werden.

Den Tag seiner großen Entdeckung begann Mendeleev damit, zwei in chemischer Hinsicht völlig entgegengesetzte Elemente, nämlich Kalium (Ka = 39,1) und Chlor (Cl = 35,5), miteinander zu vergleichen. Ihre Atomgewichte stellten sich als recht nahe beieinander liegend heraus. Bis dahin waren die Gedanken Mendeleevs einem recht umständlichen Weg gefolgt. Zunächst hatte er die Erscheinung der Isomorphie studiert, das heißt die Verwandtschaft der kristallinen Form von chemischen Verbindungen mit gemeinsamem Formeltyp. Von der Erscheinung der Isomorphie eröffneten sich ihm neue Wege zur Untersuchung der Atomvolumina einfacher und zusammengesetzter Stoffe, und von den Atomvolumina gelangte er zur Untersuchung der Gewichte chemischer Elemente. Die nächste Station war das Studium der Formeln – er bezeichnete sie als Formen – von Sauerstoffverbindungen und ähnlichen Verbindungen, wobei er mit der Erforschung organischer, das heißt Kohlenstoffverbindungen begann. Er entwickelte eine besondere Theorie der Höchstwerte, derzufolge jedes Element nur eine genau feststehende Höchstmenge anderer Elemente binden kann.

Schließlich gelangte er zu den Untersuchungen der Wechselbeziehungen zwischen den Atomgewichten verschiedener Elemente, die sich als ganz besonders bedeutsam erweisen sollten. Die Isomorphie, die spezifischen beziehungsweise atomaren Volumina, die Formeln (Formen) der Sauerstoffverbindungen und die Verhältnisse der Atomgewichte waren, um einen von Mendeleev selbst geprägten Ausdruck zu verwenden, die „vier Seiten der Angelegenheit", die das künftige Periodengesetz charakterisierten und im Zusammenhang damit auch jene Wege, auf denen Mendeleev seiner Entdeckung ständig näherkam.

Als er 1866 den Plan für seine „Grundlagen der Chemie" ausarbeitete und speziell während der Niederschrift des Buches selbst, sah er sich immer wieder vor die Frage gestellt, in welcher Reihenfolge er die chemischen Elemente behandeln solle. Das Gesamtwerk war in vier Bände gegliedert: Band 1 und Band 2 bildeten den ersten Hauptteil und Band 3 und 4 den zweiten.

Zunächst wollte Mendeleev von der damals allgemein anerkannten Systematisierung der Elemente nach den Gerhardtschen Verbindungstypen ausgehen. Danach wurden üblicherweise vier Ausgangstypen unterschieden: Typ Wasserstoff, Typ Wasser, Typ Ammoniak und Typ Methan. Dann wurde wieder von vorne begonnen: Typ Chlorwasserstoff, Typ Schwefelwasserstoff, Typ Phosphorwasserstoff usw. Daraus folgte, daß zunächst die Elemente behandelt werden mußten, die das Rückgrat der Haupttypen (der einfachen Typen) bildeten, also H, O, N und C samt ihren Verbindungen untereinander. Diesen Fragen widmete Mendeleev Band 1 und Band 2, also fast den gesamten ersten Hauptteil seines Buches. Am Ende des Bandes 2 kamen dann noch Chlor und die mit ihm verwandten Elemente Fluor, Brom und Jod hinzu, die dem Typ HCl entsprachen.

Aus den erhaltengebliebenen Plänen der „Grundlagen der Chemie" ist ersichtlich, daß Mendeleev als nächstes die Gruppe der einatomigen Metalle (Alkalimetalle) darlegen wollte, dann die Gruppe der Erdalkalimetalle, die Kupfergruppe, die Zinkgruppe und von den Nichtmetallen die Schwefelgruppe. Dann folgten die dreiatomigen Elemente: die Erdmetalle und die Phosphorgruppe und schließlich die vieratomigen Elemente, und zwar Metalle und Nichtmetalle. Somit entsprach der Gesamtaufbau der „Grundlagen der Chemie" in seiner ursprünglichen Fassung streng den herkömmlichen Vorstellungen.

Ende 1868 hatte Mendeleev Band 2 abgeschlossen und Anfang 1869

(Januar und erste Februarhälfte) faßte er zwei Kapitel des Bandes 3 ab, die dem Natrium und den ihm verwandten Elementen Lithium, Rubidium und Caesium gewidmet waren. Nachdem er diese Kapitel abgeschlossen und in die Druckerei gegeben hatte, wollte er Petersburg für zwölf Tage verlassen, um Angelegenheiten der genossenschaftlichen Käsereien zu erledigen. Die Abreise war für den 1. März (17. Februar) festgelegt. Doch ließ Mendeleev ein Gedanke nicht zur Ruhe kommen: Welche Gruppe von Elementen sollte nach den Alkalimetallen beschrieben werden? Offensichtlich hatten dann Elemente zu folgen, die Verbindungen zweier Typen zuließen: Verbindungen, in denen die betreffenden Elemente einatomig auftraten und solche, in denen sie sich als zweiatomig erwiesen. Das war die Kupfergruppe: Kupfer und Quecksilber zeigten genau dieses Verhalten, und das Silber, ein einatomiges Metall, schloß sich ihnen an. Die Kupfergruppe nahm in bezug auf die Atomigkeit gewissermaßen eine Zwischenstellung zwischen den Alkalimetallen einerseits und den Erdalkalimetallen und der Zinkgruppe andererseits ein.

Das war aber nur solange der Fall, wie man vorrangig nach rein formalen Gesichtspunkten streng dem Prinzip der Atomigkeit, also der Typentheorie Gerhardts, folgte. Ging man jedoch unter Berücksichtigung der chemischen Verwandtschaft qualitativ an das Problem heran, so konnte es keinen Zweifel geben, daß auf die Alkalimetalle die ihnen am nächsten stehende Erdalkaligruppe folgen mußte. Das quantitative (formale) Herangehen sprach also zugunsten der Kupfergruppe, das qualitative (inhaltliche) hingegen zugunsten der Erdalkalimetalle. Mendeleev neigte offensichtlich, wie aus sämtlichen Entwürfen hervorgeht, zur zweiten Lösung. Allerdings wußte er nicht, wie er eine solche Entscheidung prinzipiell begründen sollte. Am Tage der geplanten Abfahrt zerbrach er sich deshalb den Kopf über dieses Problem, als ihm plötzlich der Gedanke kam, die nichtverwandten Elemente nicht nur nach der Atomigkeit, sondern auch nach dem Atomgewicht miteinander zu vergleichen. Konkreter gesagt, man mußte Elemente mit nahe beieinander liegenden Atomgewichten, auch wenn sie chemisch unterschiedlich waren, nebeneinander stellen. Dieser Gedanke fand seinen Niederschlag in der ersten Aufzeichnung, die Mendeleev am Tage seiner Entdeckung gemacht hatte und in der die Elemente K und Cl nebeneinander gerückt waren. Im weiteren Verlauf seiner Untersuchungen unternahm Mendeleev den Versuch, zwei unterschiedliche Gruppen, die Alkalimetalle und die Zinkgruppe, nach dem gleichen Merkmal nebeneinander zu stellen. Dabei ergaben sich zwischen den einzelnen Paaren völlig unterschiedliche und zudem stark divergierende

Atomgewichtsdifferenzen. So betrug diese Differenz für das Paar Kalium und Magnesium 15, Rubidium und Zink 20 und Caesium und Kadmium 21.

Nun faßte Mendeleev den Entschluß, eine Tabelle der Elemente aufzustellen, in der er die Gruppe mit den jeweils geringeren Atomgewichten ihrer Elemente unterhalb der Gruppe mit den jeweils größeren Atomgewichten ihrer Elemente anordnete. Diese Schreibweise wählte er, weil er die Gesetzmäßigkeiten suchte, nach denen sich die Atomgewichte der einzelnen Elemente verändern: Wenn die annähernde Differenz zwischen den Atomgewichten eines jeden Paares untereinander stehender Elemente der gleichen Ordnung war, dann konnte man sagen, daß die so festgelegte Anordnung der Elemente nicht zufällig war, sondern einer Gesetzmäßigkeit gehorchte.

Dann kam Mendeleev auf eine außerordentlich wichtige Idee: Er verglich nicht irgendwelche beliebigen nichtverwandten, also zu verschiedenen Gruppen gehörenden Elemente, sondern lediglich solche, deren Atomgewichte möglichst eng beieinanderlagen, wie dies bei der ersten Gegenüberstellung von K und Cl der Fall gewesen war. Von diesem Zeitpunkt an nahm die eigentliche Entdeckung einen raschen Fortgang.

Der Entschluß, eine Tabelle aufzustellen, legte von vorherein den gesamten Verlauf der Entdeckung des Periodensystems und die daraus resultierende Endtabelle fest: Die Aufstellung einer Tabelle setzt nämlich voraus, daß die Elemente in ganzen Gruppen miteinander verglichen werden, so daß, sagen wir, die Gruppe der Alkalimetalle den Halogenen wie folgt gegenübersteht:

Li = 7	Na = 23	K = 39,1	Rb = 85,4	Cs = 133
	F = 19	Cl = 35,5	Br = 80,0	J = 127
Differenzen	4	3,6	5,4	6

Es zeigte sich, daß in jedem Elementenpaar solcher zweier untereinander angeordneter Gruppen erstens das Atomgewicht des Halogens stets kleiner war als das Atomgewicht des ihm zugeordneten Alkalimetalls, zweitens diese Differenz gleich einigen Atomeinheiten war und drittens sie mit zunehmendem Atomgewicht eine steigende Tendenz aufwies. Allein diese Tatsachen ließen auf eine strenge Gesetzmäßigkeit schließen.

Diese Vermutung wurde erhärtet, als Mendeleev die Gruppe der Alkali- und Erdalkalimetalle miteinander verglich, was dann zum eigentlichen Anstoß der gesamten Entdeckung wurde. Mendeleev erhielt folgende Gegenüberstellung:

		Ca = 40,0	Sr = 87,6	Ba = 137
Li = 7	Na = 23	K = 39,1	Rb = 85,4	Cs = 133
Differenzen		0,9	2,2	4

Hier zeigte sich genau das gleiche Bild: Die Atomgewichte der Alkalimetalle waren ausnahmslos kleiner als die Atomgewichte der ihnen zugeordneten Erdalkalimetalle, wobei die Differenzen wiederum einigen Atomeinheiten entsprachen und mit zunehmenden Atomgewichten eine steigende Tendenz aufwiesen.

Sehr gut bekannt ist die Geschichte vom „chemischen Patiencelegen" Mendeleevs. Es sind Aufzeichnungen erhalten, die es uns ermöglichen, fast jeden einzelnen Schritt dieses Patiencespiels, also die Anordnung der einzelnen, auf kleine Karten aufgezeichneten chemischen Elemente zu verfolgen. Dabei hat Mendeleev die Karte des Elements mit dem kleineren Atomgewicht stets in die untere Reihe gelegt, so daß die Differenzen der Atomgewichte leicht abgelesen werden konnten. Das Ergebnis dieses Patiencelegens war eine Tabelle, in der die Elemente in den einzelnen Spalten nach fallendem und in den einzelnen Teilen (Gruppen) hingegen nach steigendem Atomgewicht geordnet waren. Vom logischen Standpunkt aus hatte also Mendeleev direkt den Weg fortgesetzt, den seine Vorgänger eingeschlagen hatten: Sie waren bis zum Besonderen vorgedrungen, hatten also nach dem Prinzip der vollständigen Verwandtschaft der einzelnen Elemente natürliche Gruppen aufgestellt und waren auf dieser Stufe der Erkenntnis stehengeblieben. Sie hatten also keine Möglichkeiten gesehen, weiter bis zur Stufe des Allgemeinen voranzuschreiten, auf der es möglich war, ein neues Naturgesetz zu entdecken. Mendeleev war aber weiter gegangen und hatte den Schritt vom Besonderen zum Allgemeinen vollzogen, indem er die verschiedenen Gruppen nach einem gemeinsamen Merkmal, nach ihrem Atomgewicht, miteinander verglich, womit der Übergang vom Besonderen zum Allgemeinen getan war. Diese neue Gegenüberstellung führte unmittelbar zur Entdeckung des Periodengesetzes der Elemente. Sämtliche Notizen Mendeleevs, die sich auf diese Entdeckung beziehen, zeigen uns, daß er namentlich die bereits von seinen Vorgängern aufgestellten natürlichen Gruppen (das Besondere) miteinander verglichen hatte. Das bedeutet, daß Mendeleev tatsächlich von dem bereits Bekannten (dem Besonderen) ausgegangen war, dann aber weiter voranschritt und Mittel und Wege fand, den Übergang zum Allgemeinen zu vollziehen.

Das beweisen nicht nur die in den Archiven des Gelehrten aufgefundenen Notizen und Aufzeichnungen. Zahlreiche Zeugnisse von

Mendeleev selbst bestätigen, daß sich die Entdeckung des Periodengesetzes tatsächlich vollzogen hatte, indem ganze Gruppen, wie oben beschrieben, nach der Größe der Atomgewichte ihrer Elemente miteinander verglichen wurden. Zwei Jahre nach der von ihm gemachten Entdeckung schrieb Mendeleev im März 1871 in der Notiz „Zur Frage über das System der Elemente" folgendes: „Die periodische Abhängigkeit der Eigenschaften nichtverwandter Elemente und ihrer Verbindungen vom Atomgewicht konnte erst festgestellt werden, als diese Abhängigkeit für *verwandte* Elemente bewiesen war. Im Vergleich der *nichtverwandten* Elemente besteht also, wie mir scheint, das wichtigste Merkmal, das mein System gegenüber dem System meiner Vorgänger auszeichnet. Ebenso wie jene hatte ich mit geringfügigen Ausnahmen die gleichen Gruppen analoger Elemente angenommen, mir dabei allerdings das Ziel gestellt, die Gesetzmäßigkeiten zu erforschen, die die Wechselbeziehungen zwischen den Gruppen beherrschen. Dabei war ich zu dem oben erwähnten Prinzip gelangt, das sich auf alle Elemente anwenden läßt ..." [11, S. 388]. Hier wird unzweideutig genau dasselbe gesagt, was die von uns durchgesehenen Archivmaterialien bezeugen. Drei bis vier Monate später, im Juli 1871, hob Mendeleev in seinem Artikel „Das Periodengesetz der chemischen Elemente" noch einmal den gleichen Gedanken hervor, daß es sich um einen Vergleich von Gruppen gehandelt hatte. Er wies mehrfach darauf hin, daß es vor dem Periodengesetz „so viel mir bekannt ist, keine Verallgemeinerung gab, die sämtliche bekannten natürlichen Gruppen zu einem Ganzen zusammengefaßt hätte ..." [11, S. 106].

Infolge der besonderen Bedingungen, unter denen sich die Entdeckung vollzog, stand die erste Tabelle der miteinander verglichenen Gruppen gewissermaßen auf dem Kopf. Nachdem Mendeleev sein Patiencespiel abgeschlossen hatte, legte er sich hin, und im Traume erblickte er die Tabelle, wie erforderlich, auf den Kopf gestellt, d. h. in umgekehrter Reihenfolge: Oben standen die Elemente mit den kleineren Atomgewichten und darunter die Elemente mit den größeren Atomgewichten. Schließlich brauchte man nicht mehr nach den Differenzen der Atomgewichte zu suchen, da sie bereits bestimmt waren, so daß der „Makel", den diese Tabelle in ihrer ursprünglichen Form trug, beseitigt war. Mendeleev ging auch so vor: Als er erwachte, schrieb er seine Tabelle um, das heißt, er stellte sie auf den Kopf und schickte sie dann in die Druckerei.

Das war die Vorbereitung der ersten Information über die gemachte Entdeckung. Es war ein einziger Bogen, der die Überschrift trug „Versuch eines Systems der Elemente, begründet auf ihren Atomgewichten und ihrer chemischen Verwandtschaft" [11, S. 116]. Am 13. (1.) März wurde diese Tabelle gedruckt und zahlreichen russischen und ausländischen Chemikern übersandt. Sie enthielt aber lediglich die Ergebnisse des Patiencespiels, ohne alle Erläuterungen. In den gleichen zwei Wochen schloß Mendeleev den ersten Artikel über seine Entdeckung ab. Er trug die Überschrift „Wechselbeziehungen zwischen den Eigenschaften und den Atomgewichten der Elemente". Das Manuskript übergab er dem Redakteur der Zeitschrift der Russischen Chemischen Gesellschaft N. A. Menšutkin, der es im Auftrage des Autors auf der Sitzung der Gesellschaft vom 18. (6.) März 1869 vorlegte, während Mendeleev selbst seine Reise angetreten hatte.

Der Artikel erschien im Mai und brachte ausführliche Informationen über die Entdeckung. Sein Hauptpunkt hatte folgenden Wortlaut: „1. Die Elemente, geordnet nach der Größe ihrer Atomgewichte, zeigen eine offenkundige *Periodizität* der Eigenschaften" [11, S. 30]. Das war die berühmte Formulierung des entdeckten Periodengesetzes. Aus ihr folgte aber gewissermaßen, daß das Wesen der Entdeckung darin bestand, sämtliche Elemente in einer Reihe nach steigendem Atomgewicht geordnet zu haben und nach einer gewissen Anzahl von Elementen immer wieder auf Elemente gestoßen zu sein, die bereits weiter vorn in der Reihe beobachtete Eigenschaften aufwiesen. Mit anderen Worten: In der Reihe vollzog sich gewissermaßen eine periodische Rückkehr zum Ausgangspunkt.

Das war nur natürlich und verständlich: Man braucht schließlich nur sämtliche Elemente in eine einzige Reihe nach steigendem Atomgewicht zu ordnen, um sofort zu erkennen, daß am Anfang nach 6 Elementen, also ab dem siebenten, und danach nach 9 Elementen, also ab dem zehnten, Elemente mit gleichen Eigenschaften wiederkehren. Das bedeutet, daß bei den Chemikern, die diese Mitteilung über die Mendeleevsche Entdeckung lasen, der Eindruck entstehen mußte, daß Mendeleev das Periodengesetz nicht durch Gegenüberstellung von Gruppen (des Besonderen), sondern unmittelbar durch Gegenüberstellung sämtlicher Elemente (des Einzelnen) einer durchgehenden Reihe (des Allgemeinen) erhalten habe. An anderer Stelle seines ersten Artikels über das Gesetz der Periodizität äußerte sich Mendeleev noch deutlicher zugunsten einer solchen Vorstellung von der Entdeckung dieses Gesetzes. Als er darlegte, wie er ein System auf der Größe der Atomgewichte der Elemente begründen wollte, führte er im einzelnen folgendes aus: „Der erste Versuch, der in dieser Hinsicht unternommen wurde, war der folgende: Ich wählte die Körper mit dem geringsten Atomgewicht und ordnete sie nach steigendem Atomgewicht. Dabei zeigte sich, daß es gewissermaßen eine periodische Wiederkehr der Eigenschaften der einfachen Körper gab, und selbst hinsichtlich der Atomigkeit folgten die Elemente in der Ordnung der arithmetischen Größe ihres Atomgewichts:

Li = 7	Be = 9,4	B = 11	C = 12	N = 14	O = 16	F = 19
Na = 23	Mg = 24	AL = 27,4	Si = 28	P = 31	S = 32	Cl = 35
K = 39	Ca = 40	—	Ti = 50	V = 51	—	—

Bei den Elementen mit einem Atomgewicht von mehr als 100 treffen wir auf folgende, völlig analoge kontinuierliche Reihe:
Ag = 108 Cd = 112 Yr = 116 Sn = 118 Sb = 122 Te = 128 J = 127“ [11, S. 18].

Aus diesen Ausführungen folgte gewissermaßen direkt, daß die Elemente von Mendeleev zunächst in eine kontinuierliche Reihe gebracht wurden, worauf ihm innerhalb dieser Reihe eine Wiederkehr (Periodizität) der Eigenschaften auffiel, so daß er die fortlaufende Reihe in Teilabschnitte (Perioden) zerlegte und sie untereinander anordnete, wie dies oben angeführt ist. Das Ergebnis war, daß das Natrium unter das Lithium rückte, das Kalium unter das Natrium usw. und die ganze Tabelle schließlich die Form annahm, in der sie an die wissenschaftliche Welt als Information über die gemachte Entdeckung weitergegeben wurde.

Man kann verstehen, warum Mendeleev nur das Wesen der von ihm erzielten Ergebnisse mitteilte und den Leser nicht mit sämtlichen Peripetien des Entdeckungsganges bekanntmachte. Nachdem die Entdeckung vollzogen war, galt ihre logische Durchdringung und die Befreiung von allem Zufälligen, das sich notwendigerweise im Prozeß der Entdeckung eingeschlichen hatte, als sein Hauptanliegen.

Hier wiederholt sich die gleiche Geschichte wie bei Dalton: Die von Mendeleev über seine Entdeckung des Periodengesetzes weitergegebene Information erinnert uns an das, was sich nach der Begründung der Atomistik durch Dalton ereignet hatte. Die wissenschaftliche Welt nahm die gemachte Entdeckung in einer logisch aufbereiteten Form auf, in der die Gedankengänge dem eigentlichen Ablauf der Entdeckung entgegengesetzt geordnet waren.

Wir wollen nun sehen, wie Mendeleev die fortlaufende Reihe von Elementen erhielt, über die er im ersten Artikel über das Periodengesetz berichtete. Die erste Spalte seiner Tabelle erhielt zunächst nur das Element Lithium (Li = 7). Dann wurde das Element Wasserstoff (H = 1) daruntergestellt. Am unteren Ende der nächsten Spalte stand Bor (B = 11). Eine direkte Berührung mit dem oberen Ende der ersten

Spalte, dem Lithium, gab es also nicht. Die Lücke war sogar noch größer, da der Platz unter dem Bor noch frei war. Außerdem stand über dem Lithium zunächst das Beryllium (Be = 14), so daß unter diesen Bedingungen keine fortlaufende Kette vom Lithium zum Bor entstehen konnte: Das Beryllium stand im Wege und unterbrach sie an dieser Stelle.

Das Atomgewicht des Beryllium (Be = 14) hatten die Chemiker aus der der Tonerde analog angesetzten Oxidformel Be_2O_3 bestimmt. Was aber, wenn für das Oxid eine der gebrannten Magnesia analoge Formel, also BeO, richtig war? Dann ergab sich für Beryllium ein Atomgewicht von Be = 9,4, so daß es zwischen das Lithium und das Bor rücken mußte und die fortlaufende Reihe an dieser Stelle der Tabelle gesichert war. In diesem Falle war Beryllium zu einem vollständigen Analogon des Magnesiums geworden und hatte seinen Platz vor dem Magnesium in der Magnesium-Zink-Gruppe eingenommen. Wir sehen hier, daß die Kontinuität der Reihe, von der Mendeleev in seinem Artikel sprach, keinesfalls der Ausgangspunkt seiner Untersuchung gewesen sein konnte, wie dies seinem Artikel zu entnehmen war, sondern vielmehr das Ergebnis langwieriger und umständlicher Bemühungen, in deren Verlauf es erforderlich war, die Oxidformel eines beteiligten Elements zu ändern und sein Atomgewicht um das Anderthalbfache zu verringern.

Das eben Gesagte gilt auch für andere Stellen der Tabelle. So stand beispielsweise in der zweiten Spalte über dem Natrium (Na = 23) ursprünglich das Aluminium (Al = 27,4), da es als vollständiges Analogon zum Beryllium aufgefaßt wurde. Doch das Beryllium stand seinerseits, wie wir gesehen haben, zuerst über dem Lithium .Dadurch war aber von vornherein die Kette vom Natrium zum Magnesium (Mg = 24) unterbrochen, das den unteren Platz der folgenden, dritten Spalte einnahm. Der Platz über dem Magnesium – in der Borreihe – war indessen frei geblieben. Erst als das Beryllium mit korrigiertem Atomgewicht von seinem ursprünglichen Platz über dem Lithium entfernt und an das untere Ende der zweiten Spalte gestellt worden war, konnte das gleiche auch mit dem Aluminium getan werden: Mendeleev setzte es auf den freien Platz in der Borreihe, das heißt auf den Platz zwischen dem Silizium (Si = 28) und dem Magnesium in der dritten Spalte. Im Ergebnis dieser Umstellungen schloß sich das obere Ende der zweiten Spalte (Na = 23) mit dem unteren Ende der dritten Spalte (Mg = 24). Also war auch hier die gleiche fortlaufende Reihe entstanden, von der Mendeleev in seinem ersten Artikel berichtet.

Die Weiterführung dieser Reihe wurde in den nachfolgenden Spalten der Tabelle immer komplizierter und undurchsichtiger, und es blieben große Lücken, weil die entsprechenden Glieder (Elemente) der Gesamtkette noch nicht bekannt waren. So schloß das obere Ende der dritten Spalte mit dem Kalzium (Ca = 40) ab, und am unteren Ende der nächsten, der vierten Spalte stand das Titan (Ti = 50). Wollte Mendeleev hier die beiden Enden miteinander verbinden und die Kontinuität der Reihe herstellen, so mußte er annehmen, daß auf das Kalzium ein noch unbekanntes Element mit dem Atomgewicht 45 folgen müsse, das er als Eka-Bor bezeichnete und das zehn Jahre später tatsächlich entdeckt und als Skandium in die Tabelle aufgenommen wurde.

Eine ähnliche Situation ergab sich am Übergang vom oberen Ende der vierten Spalte, wo bereits das Strontium (Sr = 87,6) stand, zum unteren Ende der fünften Spalte, das vom Zirkonium (Zr = 90) besetzt war. Dazwischen mußte, wie dies später auch getan wurde, das Yttrium (Y = 88) eingeschoben werden. Aber noch immer war hier keine durchgehende Kontinuität der Reihe erzielt.

Noch komplizierter wurde die Situation am Übergang von der fünften zur sechsten Spalte. Hier gab es eine gewaltige Lücke zwischen dem Barium (Ba = 137) am unteren Ende der fünften Spalte und dem Tantal (Ta = 182) am oberen Ende der letzten Spalte. Diese Lücke war auch dadurch kaum zu schließen, daß Mendeleev die Existenz eines noch unbekannten Analogons des Zirkoniums (das sogenannte Eka-Zirkonium) mit einem Atomgewicht von 180 annahm, das 1923 unter der Bezeichnung Hafnium an diese Stelle rückte.

Die ganze Angelegenheit wurde noch undurchsichtiger, als Mendeleev am Ende seines Patiencespiels an das untere Ende der faktisch bereits abgeschlossenen Tabelle sieben Elemente anhängte, für die er keinen natürlichen Platz innerhalb der Tabelle gefunden hatte. Das waren vier seltene Erden sowie das Yttrium, das Indium und das Thorium. Ihre Unterbringung am unteren Ende der dritten beziehungsweise der vierten Spalte unterbrach die hier vorher klar erkennbare Kontinuität der Reihe.

Dennoch konnte man nach diesen langen Bemühungen und Umstellungen, da sich bis auf den Übergang zwischen den letzten beiden Spalten überall irgenwie eine fortlaufende Reihe ergeben hatte, behaupten, daß sämtliche Elemente, sukzessive zu einer Gesamtreihe zusammengefaßt, eine Periodizität der Eigenschaften zeigten. Das aber bedeutete, daß man die Formulierung für das nunmehr entdeckte Periodengesetz gefunden hatte.

Überdies konnte eigentlich erst von diesem Zeitpunkt an davon gesprochen werden, daß ein neues Naturgesetz entdeckt war. Dieses

Gesetz hatte zwar Mendeleev schon vorher vorgeschwebt, aber es war noch nicht vollständig erfaßt und gedanklich geordnet und damit noch nicht bewußt erkannt und verbal formuliert. Das konnte erst getan werden, als Mendeleev bei der Betrachtung seiner Tabelle der Gedanke kam, daß es sich eigentlich um eine fortlaufende Kette von Elementen handelt, die entsteht, sobald die aufeinanderfolgenden Enden benachbarter Gruppen zusammengeführt werden, so daß man eben sagen kann, daß die nach steigendem Atomgewicht geordneten Elemente ganz offenkundig eine Periodizität der Eigenschaften aufweisen.

Dies alles zeigt uns aber gleichzeitig, daß die Idee, eine fortlaufende Gesamtreihe der Elemente nach steigendem Atomgewicht zu bilden, durchaus nicht der Ausgangspunkt, sondern, im Gegenteil, der Abschluß dieser Entdeckung war. Und eben aus diesem Grunde wurde diese Tatsache zum Ausgangspunkt der ersten Information genommen, die Mendeleev über seine Entdeckung bekanntgab. Jetzt galt es nämlich, die anderen Chemiker von der Existenz der von ihm entdeckten Periodizität der Elemente zu überzeugen, und für diesen Zweck war es am günstigsten und zugleich auch am einfachsten, mit dem erst am Ende der Entdeckung erzielten Hauptergebnis zu beginnen, also mit der Gesamtreihe von Elementen, die durch die Zusammenführung der Anfänge und Enden der solange getrennt betrachteten Spalten erhalten worden war. Und genauso ging Mendeleev vor: Er empfahl den Chemikern, die er über seine Entdeckung informierte, zunächst einmal selbst sämtliche Elemente nach steigendem Atomgewicht in eine durchgehende Reihe zu bringen und sich davon zu überzeugen, daß in dieser Gesamtreihe in bestimmten Abständen Elemente mit gleichen Eigenschaften wiederkehren. So folgt sieben Stellen nach dem Lithium das ihm verwandte Natrium und sieben Stellen nach dem Natrium das ebenfalls mit diesen Elementen verwandte Kalium, wonach die Anzahl der zu überspringenden Stellen zunimmt. Doch dann folgen wiederum in gleichen Abständen zunächst das Rubidium und dann das Caesium. Das gleiche Bild ergibt sich, wenn man beim Beryllium anfängt: Auch hier trifft man nach sieben Stellen auf das dem Beryllium verwandte Magnesium und nach weiteren sieben Stellen auf das Kalzium usw.

Um also seiner Entdeckung die Anerkennung der anderen Chemiker und der gesamten wissenschaftlichen Welt zu verschaffen, mußte Mendeleev auf optimalem und kürzestem Wege die bereits gefundene Wahrheit darlegen, und aus eben diesem Grunde baute er seine Information völlig anders auf, als er in seinen Untersuchungen vorgegangen war. Doch genauso wie bei der Begründung der chemischen Atomistik durch Dalton faßte die wissenschaftliche Welt auch hier die empfangene

Information als Beschreibung des Herganges der Entdeckung selbst auf. Ungeachtet der Tatsache, daß Mendeleev mit hinreichender Deutlichkeit darauf hingewiesen hatte, daß er seine Entdeckung durch einen Vergleich der damals bereits bekannten Gruppen gemacht hatte, daß er also nach Zusammenhängen zwischen diesen Gruppen gesucht hatte, hatte sich die Erstinformation über seine Entdeckung im Bewußtsein der wissenschaftlichen Welt derart fest verankert, daß die Version von der Aufstellung einer durchgehenden Gesamtreihe der nach steigendem Atomgewicht geordneten Elemente nicht mehr erschüttert werden konnte. Hätte Mendeleev übrigens tatsächlich mit der Aufstellung einer solchen Gesamtreihe begonnen, so hätte er keinerlei Gesetzmäßigkeiten entdecken können, da er zuvor die Atomgewichte einer Reihe von Elementen hätte überprüfen und korrigieren müssen. Der Anfang dieser Reihe hätte ohne diese Korrekturen wie folgt ausgesehen:
H = 1; Li = 7; B = 11; C = 12; N = 14; Be = 14,1; O = 16; F = 19; Ca = 20; Na = 23; Mg = 24; Al = 27,4; Si = 28 usw.

Ein noch unübersichtlicheres Bild hätte sich in der Mitte und speziell am Ende der Reihe ergeben. Doch selbst am hier angeführten Anfang sind die Dinge recht verwirrt, so daß von einem strengen Gesetz keine Rede sein kann, solange nicht die Atomgewichte des Beryllium und Kalzium korrigiert sind. Aber diese Korrekturen waren ja erst das Ergebnis einer detaillierten und langwierigen Bearbeitung des Materials, das ihm die Aufstellung seiner Tabelle geliefert hatte, in welcher er ganze Gruppen – und nicht einzelne Elemente – nach dem Atomgewicht nebeneinandergestellt hatte. Besonders deutlich ist das am Beispiel des Tellur und des Jod zu erkennen (Te = 128; J = 127). Hätte Mendeleev sofort die Gesamtreihe aufgestellt, so hätte er das Tellur (Te = 128) ganz sicherlich nicht vor, sondern nach dem Jod (J = 127) eingeordnet und hätte nicht einmal bemerkt, daß ihre Reihenfolge vertauscht werden mußte. Stellt man hingegen ganze Gruppen gegenüber, so muß die Sauerstoff-Schwefel-Gruppe, der das Tellur angehört, unbedingt vor den Halogenen stehen, so daß sich folgendes Bild ergibt:

F = 19	Cl = 35,5	Br = 80	J = 127
O = 16	S = 32	Se = 79,4	Te = 128.

Und das, obwohl beim letzten Paar die Differenz der Atomgewichte ein negatives Vorzeichen (—1) hat. Weil aber ganze Gruppen miteinander verglichen wurden, hat die Anomalie zwischen dem Tellur und dem Jod den Gang der Entdeckung nicht beeinträchtigt, auch wenn sie Mendeleev später viel Kopfzerbrechen und Unannehmlichkeiten bereitete.

Und so konnten die Chemiker und Wissenschaftshistoriker bis 1950, als erstmalig neue Archivmaterialien über den Hergang der Mendeleevschen Entdeckung veröffentlicht wurden, zu Recht behaupten, daß diese Entdeckung mit der Aufstellung einer Gesamtreihe der nach steigendem Atomgewicht geordneten Elemente begonnen hatte. Schließlich konnten sie sich dabei auf Informationen berufen, die vom Entdecker selbst stammten und von seinem engen Freund und Mitarbeiter, dem tschechischen Chemiker Bohuslav Brauner bestätigt wurden. Brauners Nekrolog auf Mendeleev, abgedruckt 1907 in der tschechischen Zeitschrift „Pokroková revue“, enthält einen Bericht, der nach Brauners Worten direkt von Mendeleev stammt. Der gleiche Bericht erschien 23 Jahre später noch einmal in einem Sammelband von Arbeiten tschechischer Chemiker [12, S. 225] und schließlich ein drittes Mal in der Biographie Brauners von G. Druce [13, S. 14–15], die während des zweiten Weltkrieges erschien. Er hat folgenden Wortlaut: „Als ich mein Lehrbuch (d. h. die „Grundlagen der Chemie“) zu schreiben begann, fühlte ich, daß ich ein System benötigte, nach dem ich die chemischen Elemente ordnen kann. Ich mußte feststellen, daß sämtliche vorhandenen Systeme künstliche Systeme waren und sich deshalb nicht für meine Zwecke eigneten. Ich bemühte mich also, zu einem natürlichen System zu gelangen. Zu diesem Zwecke schrieb ich die Zeichen der Elemente samt ihren Atomgewichten auf kleine Kartonstückchen. Danach begann ich sie auf verschiedene Art und Weise nach ihrer Verwandtschaft zu gruppieren. Aber das ganze Verfahren brachte erst dann Befriedigung, als ich sie nach steigenden Atomgewichten ordnete. Als ich die erste Reihe

H = 1; Li = 7; Be = 9; B = 11; C = 12; N = 14; O = 16; F = 19

gelegt hatte, stellte ich fest, daß die folgenden Elemente eine zweite Reihe unterhalb der ersten bilden können, allerdings mit dem ersten Element unterhalb dem Lithium. Dann stellte ich fest, daß sich in dieser neuen Reihe

Na = 23; Mg = 24; Al = 27; Si = 28; P = 31; S = 32; Cl = 35,5

beim Natrium jede Eigenschaft des Lithium wiederholt. Die gleiche Wiederholung stellte ich nach einer bestimmten Periode in der dritten Reihe fest, und sie setzt sich in allen folgenden Reihen fort.“ Es ist ganz offensichtlich, daß hier das Endstadium der Entdeckung beschrieben wird; die Atomgewichte des Beryllium und des Kalzium sind bereits korrigiert, und die Aufstellung der Tabelle durch die Zusammenführung der einzelnen Gruppen ist ebenfalls praktisch abgeschlossen. Die ganze Entdeckung war also vollzogen, und es konnte lediglich nur noch darum gehen, das entdeckte, aber verbal noch nicht ausgedrückte Gesetz zu formulieren.

Aber auch diese Information, die von Mendeleev über Brauner an die Öffentlichkeit gelangt war, wurde in einer für Chemiker sinnvollen Weise interpretiert: Das Gesetz wurde durch die Aufstellung einer Gesamtreihe aller Elemente und nicht durch Vergleich der einzelnen Gruppen entdeckt. Mit anderen Worten, Mendeleev hatte nicht den von seinen Vorgängern eingeschlagenen Weg, auf dem der Abschnitt vom Einzelnen zum Besonderen bereits zurückgelegt war, fortgesetzt, sondern er hatte ihn verlassen und war erneut zum Einzelnen zurückgekehrt, um durch Annäherung der einzelnen Elemente nach ihren Atomgewichten (des Einzelnen) direkt zu einem neuen Naturgesetz (dem Allgemeinen) zu gelangen und dabei das Besondere (die Gruppen) zu umgehen. Das Besondere trat erst dann wieder zutage, als die in Abschnitte (Perioden) zerteilte Gesamtreihe in Tabellenform gebracht wurde, wo nun in den vertikalen Spalten erneut die von früher her bekannten Gruppen (das Besondere) auftauchten.

Aus logischer Sicht würde das bedeuten, daß Mendeleev folgendem Erkenntnisschema folgte: Einzelnes – Allgemeines – Besonderes. Natürlich läßt sich eine solche Möglichkeit nicht a priori ausschließen. Doch interessieren uns hier nicht die möglichen, sondern die tatsächlich beschrittenen Wege, die Mendeleev zur Entdeckung des Periodengesetzes geführt haben. Und diese Wege sind heute einwandfrei ermittelt: Es war die Gegenüberstellung der Gruppen (des Besonderen) mit der sich anschließenden Aufstellung einer fortlaufenden Reihe sämtlicher Elemente (des Allgemeinen). Es ist erstaunlich, wie sich die Geschichte wiederholt: Wir hatten bereits weiter oben gesehen, daß in bezug auf die Begründung der chemischen Atomistik durch Dalton selbst nach der Veröffentlichung seiner Tagebücher und Aufzeichnungen im Jahre 1896, die die fest etablierte Version vom Hergang dieser Entdeckung lückenlos widerlegten, die alten Vorstellungen weiterhin in den Arbeiten späterer Chemiker und Wissenschaftshistoriker kursierten, als ob nichts geschehen wäre, gewissermaßen als ob keinerlei sie widerlegende Dokumente gefunden und veröffentlicht worden wären. Dasselbe beobachten wir nun in bezug auf die Entdeckung des Periodengesetzes durch Mendeleev. Ungeachtet der Tatsache, daß 1950 die ersten Dokumente über den tatsächlichen Ablauf der Entdeckung [14] veröffentlicht wurden und drei Jahre später ein umfassender Sammelband von mehr als 50 Druckbögen mit Publikationen zur gleichen Thematik folgte [15], bestehen viele Chemiker und Wissenschaftshistoriker immer noch darauf, daß Mendeleev nicht den Weg seiner Vorgänger und Zeitgenossen fortgesetzt und die Tabelle durch Gegenüberstellung einzelner Gruppen gewonnen habe, sondern angeblich einen völlig unabhängigen und originären Weg beschritten habe, der seinem russischen Geist entsprang. Es wird eben weiterhin behauptet, daß er zunächst eine Gesamtreihe sämtlicher Elemente aufgestellt, sie dann in Perioden gegliedert und daraus schließlich seine Tabelle der Elemente abgeleitet habe.

So verbindet noch 1954 ein Autor die von Mendeleev vorgenommene Klassifizierung der Elemente mit ihrer Anordnung „nach steigendem Atomgewicht" [16, S. 10]. Und bei einem anderen Autor lesen wir: „Der erste Schritt in den Arbeiten Mendeleevs, die ihn zur Aufstellung seines Systems der Elemente führten, bestand darin, sämtliche zu seiner Zeit bekannten Elemente, es waren 63 an der Zahl, in eine fortlaufende vertikale Reihe nach steigendem Atomgewicht zu ordnen. Nach der Analyse dieser Reihe stellte er fest, daß in ihr nach bestimmten nicht gleich großen Intervallen eine augenfällige Wiederholung von Eigenschaften der Elemente zu beobachten war . . . Der zweite Schritt Mendeleevs bestand darin, daß er seine fortlaufende vertikale Elementenreihe in Teilabschnitte ungleicher Länge aufteilte, diese Teilabschnitte miteinander verglich und so anordnete, daß Elemente mit analogen Eigenschaften in gleiche horizontale Linien rückten" [17, S. 36]. Daraus ist ersichtlich, wie zählebig im Bewußtsein ganzer Gelehrtengenerationen Versionen und Konzeptionen sein können und wie fest sie dort Fuß fassen können, auch wenn sie nur ein einziges Mal, nämlich mit der Erstinformation über die gemachte Entdeckung, in das Bewußtsein der wissenschaftlichen Welt hineingetragen wurden.

Hier stoßen wir jedoch auf eine weitere Erscheinung, die mit dem unbeirrten Festhalten an einer einmal gefaßten Vorstellung zusammenhängt. So mancher Chemiker ist bereit, sich auf beliebige Spielarten der ursprünglich von ihm angenommenen Version einzulassen, wenn sie nur glaubhaft und auch dann noch annehmbar erscheint, wenn ihre Grundlagen bereits widerlegt sind. Und so wird in den Werken des Urhebers dieser Entdeckung nach Angaben gesucht, und sie werden schließlich auch gefunden, die angeblich beweisen, daß zwar zu Beginn nicht eine ganze fortlaufende Elementenreihe als Ganzes vorlag, aber immerhin einzelne Teilstücke, die dann zur Auffüllung der zwischen ihnen frei gebliebenen Plätze und somit schließlich zur Gesamtreihe als einem abgeschlossenen Werk geführt haben.

So geht insbesondere K. G. Chomjakov in seinem Artikel „Zur Geschichte der Entdeckung des Periodengesetzes durch D. I. Mendeleev" vor. Zum Beweis seiner Argumentation führt er Äußerungen

Mendeleevs aus der dritten Auflage seiner „Grundlagen der Chemie“ (1877) an. Dort heißt es: „Deshalb lag es näher und war es auch natürlicher, die Abhängigkeiten zwischen den Eigenschaften und Verwandtschaften der Elemente und ihren Atomgewichten zu finden. Das war der grundlegende Gedanke, der mich veranlaßte, *sämtliche Elemente nach steigendem Atomgewicht* zu ordnen. Dabei stellt man sofort die Wiederkehr von Eigenschaften in Perioden von Elementen fest. Entsprechende Beispiele kennen wir bereits:

Halogene	F = 19	Cl = 35,5	Br = 80	J = 127
Alkalimetalle	Na = 23	K = 39	Rb = 85	Cs = 133
Erdalkalimetalle	Mg = 24	Ca = 40	Sr = 87	Ba = 137

In diesen Gruppen ist das Wesen der ganzen Angelegenheit zu erkennen“ [18, S. 349].

Daraus zog K. G. Chomjakov eine weitreichende Schlußfolgerung, für die es allerdings keine Begründung gibt, wenn man nicht auf eine freie, oder besser gesagt willkürliche Interpretation des eben angeführten Mendeleevschen Zitats zurückgreifen will. Chomjakov behauptet, daß Mendeleev sein System der Elemente nur „auf eine einzig mögliche Art und Weise hatte zustande bringen können, nämlich durch Vergleich der Eigenschaften der nach steigendem Atomgewicht geordneten Elemente. Nur so hatte sich die Frage klären lassen, ob es eine gesetzmäßige Veränderung der Eigenschaften der Elemente gab, die mit der gesetzmäßigen Veränderung der Atomgewichte zusammenhing. Doch konnte er diesen Weg nicht in seinem vollen Umfange realisieren . . .“ [19, S. 21–22].

Wir sehen hier, daß den Autor keinesfalls das interessiert, was *war*, was *tatsächlich vorgegangen war* und durch die aufgefundenen und veröffentlichten Dokumente *bewiesen* wurde, sondern lediglich, wie sich seiner Meinung nach die betreffende Entdeckung hatte vollziehen müssen. Und das entsprach genau dem, wie sie seinerzeit von der wissenschaftlichen Welt aufgenommen worden war. Das aber gibt Chomjakov als den einzig möglichen Hergang der Entdeckung des Periodengesetzes aus, zumal es sich als die an das Bewußtsein der damaligen Chemiker gerichtete optimal verständliche Mitteilung über diese Entdeckung erwiesen hatte. Kurz: Chomjakov nahm wie ehedem Thomson, der seine Informationen direkt von Dalton bezogen hatte, das von Mendeleev logisch geordnete *Ergebnis* der Entdeckung als ihren eigentlichen Ablauf auf.

Doch dann setzt bei Chomjakov, der die bisher übliche Version von der Entdeckungsgeschichte retten will, die reine Phantasie ein. Er stellt folgende Frage: „Braucht man tatsächlich die vollständige Reihe der Elemente, um die gestellte Aufgabe lösen zu können? Genügt es nicht, Teilabschnitte dieser Reihe zu betrachten, die miteinander vergleichbar und über die ganze Reihe verstreut sind? Eine bemerkenswerte Tatsache ist darin zu sehen, daß die Elemente, die nach ihren Atomgewichten den Alkalimetallen sehr nahekommen und deshalb in der fortlaufenden Elementenreihe neben oder fast neben ihnen stehen, links die Halogene mit völlig anderen Eigenschaften und rechts die Erdalkalimetalle sind. Waren diese Teilabschnitte der fortlaufenden Elementenreihe einmal gewonnen und die Eigenschaften der nicht miteinander verwandten Elemente innerhalb dieser Teilabschnitte ... F, Na, Mg ... Cl, K, Ca ... Br, Rb, Sr ... J, Cs, Ba ... miteinander verglichen ... und berücksichtigt man zudem noch, daß es bei aller Kompliziertheit der Veränderungen der Eigenschaften der in den Zwischenräumen zwischen diesen Teilabschnitten gelegenen Elemente keine andere Schlußfolgerung geben konnte, als die, die Mendeleev gezogen hatte ... so gibt es in meiner Darstellung vom angenommenen Verlauf des schöpferischen Denkens Mendeleevs im Grunde genommen nichts Hypothetisches, bis auf die eine Ausnahme, daß wir die Worte Mendeleevs „in diesen Gruppen ist das Wesen der ganzen Angelegenheit zu erkennen" auf den Zeitpunkt der Entdeckung des Periodengesetzes beziehen, weil wir davon ausgehen, daß er dieses „Wesen der ganzen Angelegenheit" eben zu diesem Zeitpunkt entdeckt hatte" [19, S. 22].

Wir haben es hier mit einem klaren Fall von Selbsthypnose zu tun: Mendeleev hat drei Gruppen nach dem Atomgewicht ihrer Elemente verglichen, aber Chomjakov will uns glauben machen, daß es sich dabei nicht um eine Gegenüberstellung von Gruppen, sondern von dreielementigen „Kernstücken" handelt, die Mendeleev aus der Gesamtreihe herausgelöst hatte. Und dies alles ungeachtet der Tatsache, daß Mendeleev selbst sagt, daß das „Wesen der ganzen Angelegenheit in diesen Gruppen zu erkennen ist" und keinesfalls in irgendwelchen von Chomjakov ausgedachten dreigliedrigen Teilstücken einer einheitlichen Reihe sämtlicher Elemente. Das Wesen der ganzen Angelegenheit ist eben in der von uns schon mehrere Male erwähnten und von Mendeleev entdeckten Gesetzmäßigkeit zu sehen, derzufolge sich die Atomgewichte der Glieder der miteinander verglichenen Gruppen verändern. Und gerade das führt Mendeleev unmittelbar im Anschluß an die von Chomjakov zitierte Stelle an. Nach den Worten „in diesen drei Gruppen ist das Wesen der ganzen Angelegenheit zu erkennen" erläutert er, was er dabei im Auge hat: „Die Halogene besitzen Atomgewichte, die kleiner sind als die der Alkalimetalle, und diese letzteren haben wiederum kleinere Atomgewichte als die Erdalkalimetalle. Das Atomgewicht des Stickstoffs ist kleiner als das des Fluors, und die Elemente der Stickstoffgruppe P, As und Sb haben ebenfalls kleinere Atomgewichte als die Halogene. Deshalb ergibt sich, wenn man sämtliche Atomgewichte nach steigendem Atomgewicht ordnet, eine *periodische Wiederkehr der Eigenschaften*. Das wird ausgedrückt durch das *Gesetz der Periodizität*" [18, S. 349].

Aus den Worten, die Chomjakov überging, geht klar und unzweideutig hervor, daß Mendeleev zunächst einzelne Gruppen nach der Größe der Atomgewichte ihrer Glieder miteinander verglich, und zwar zunächst nach fallendem, und nicht nach steigendem Atomgewicht. Das folgt aus den Hinweisen, daß die Atomgewichte der Halogene kleiner sind als die der Alkalimetalle usw. Und erst daraus entsprang die Idee, daß eine Anordnung der Elemente nach steigendem Atomgewicht eine Wiederkehr der Eigenschaften zutage fördern müsse.

Aber warum imponiert Chomjakov und anderen Chemikern diese ursprünglich entstandene und sich später als irrig erwiesene Version derart stark, daß die ihr widersprechenden Fakten nicht gesehen werden und, koste es, was es wolle, sie den Äußerungen Mendeleevs untergelegt wird, obwohl sie nicht mehr mit ihnen in Einklang zu bringen ist? Diese auf den ersten Blick recht seltsam anmutende Erscheinung bezeichnen wir als Selbsthypnose: Wenn die wissenschaftliche Welt die Erstinformation über die hier zur Diskussion stehende Entdeckung als Aufstellung einer einheitlichen Reihe sämtlicher Elemente empfing, so kam dies dem optimalen Verständnis durch die Chemiker jener Tage entgegen, und in dieser Form wird die betreffende Information auch heute noch allen Schülern weitergegeben, wenn ihnen ihr Lehrer vom Periodengesetz erzählt. Und ohne Zweifel wird dies auch Chomjakov in seiner Lehrtätigkeit auf dem Gebiet der Chemie mehr als einmal getan haben.

Aber wenn wir und unsere Schüler beziehungsweise Hörer das Periodengesetz auf diese Weise am besten verstehen, warum soll man dann nicht annehmen, daß es auch Mendeleev das erste Mal eben auf diesem und auf keinem anderen Wege in den Sinn kam?

Das ist unserer Meinung nach der eigentliche psychologische Grund dafür, daß die wissenschaftliche Welt die Information vom Urheber einer Entdeckung in einer bestimmten, vom Urheber selbst angestrebten Form empfängt, die aber dennoch dem eigentlichen Hergang der Entdeckung widerspricht, ja seinen Gedankengängen während der Entdeckung selbst geradezu entgegengesetzt sein kann.

Der erkenntnistheoretische Aspekt des Problems

Abschließend wollen wir auf die erkenntnistheoretische Seite unseres Problems eingehen. Handelt es sich hier einfach darum, daß man versucht, die Information über eine gemachte Entdeckung in eine einfache Form zu bringen, weil sie faßlicher und durchsichtiger ist als die vom Autor auf der Suche nach dem neuen Gesetz geleistete Arbeit, oder liegen hier gewichtigere Überlegungen zugrunde? Möglicherweise könnte die Kenntnis dessen, wie ein neues Gesetz gefunden und tatsächlich entdeckt wurde, der Klärung seines Wesens förderlich sein, da es schließlich kein besseres Mittel, einen anderen Menschen zu verstehen, gibt als den Versuch, sich an seine Stelle zu versetzen. Wenn die Chemiker, die von der Entdeckung Daltons beziehungsweise Mendeleevs Kenntnis erhielten, zumindest im wesentlichen, in allgemeinen Zügen jene Arbeit nachvollzogen hätten, die beide zu ihren großen Entdeckungen geführt hatte, so hätten sie möglicherweise im Ergebnis dieser nachvollzogenen Arbeit selbst noch einmal enthüllt, was den Erstentdeckern zunächst lediglich vage vorschwebte, und die gemachten Entdeckungen hätten dann einen leichteren Eingang in die wissenschaftliche Welt gefunden. Wird aber die Information über eine neue Entdeckung auf die Kurzformulierung eines neuen Prinzips beziehungsweise eines neuen Gesetzes reduziert, dann geht das Wichtigste verloren: die gewaltige Arbeit, die für die Erreichung des Ergebnisses, für die Lösung des Problems aufgewandt wurde. Warum nehmen die Information über eine gemachte Entdeckung und ihre Aufnahme durch die wissenschaftliche Welt eine Form an, die dem eigentlichen Werdegang der Entdeckung geradezu entgegengesetzt ist?

Dafür gibt es eine gemeinsame Ursache: Nachdem die neue Wahrheit gefunden ist, ändert sich die Aufgabe, vor der der Entdecker nun steht, von Grund auf. Von seinen Bemühungen, mit beliebigen Mitteln und auf *beliebigem* Wege zu seinem Ziel zu gelangen, geht er nun dazu über, auf *optimalem* Wege der wissenschaftlichen Welt seine Ergebnisse bewußt zu machen, und – was das wichtigste ist – diese wissenschaftliche Welt von der Wahrheit seiner Entdeckung zu überzeugen. Für diese Zwecke ist aber ein Bericht über die Zickzackpfade, auf denen er sich der Wahrheit genähert und sie schließlich gefunden hat, nicht erforderlich, ja er würde nur das verdunkeln, was mittlerweile klar erkannt ist. Das gilt auch für die Formulierung des erzielten Ergebnisses sowie für Menge und Umfang der Information. Während der Arbeit an der Entdeckung wurden eine gewaltige Menge Faktenmaterial, empirische Daten und Überlegungen verarbeitet, aus denen der Wissenschaftler ein winziges Körnchen Wahrheit von kolossaler Bedeutung herauskristallisiert hat. Jetzt aber, da die Aufgabe darin besteht, die wissenschaftliche Welt für dieses Körnchen Wahrheit zu interessieren, braucht man nicht noch einmal in aller Ausführlichkeit zu berichten, wie es aus der Masse des Ausgangsmaterials extrahiert wurde, auf welchen Irr- und Umwegen sich die Gedanken bewegten, bevor sie es in reiner Form isoliert hatten.

Vollzog sich nicht buchstäblich auf eben diese Art und Weise die Entdeckung des wertvollen Radiums durch Marie und Pierre Curie? Sie verbrauchten ganze Tonnen von Uranerz, gewannen aus ihm immer mehr radioaktiv angereicherte Stoffportionen, um am Ende dieser titanischen Arbeit einige Gramm Radiumsalz in chemisch reiner Form zu isolieren. Als aber das Ergebnis auf der Hand lag, waren Marie und Pierre Curie keineswegs genötigt, bei ihren Mitteilungen an die wissenschaftliche Welt stets die gesamte Menge an Ausgangsmaterial gegenwärtig zu haben, die sie im Verlaufe langwieriger Untersuchungen verbraucht hatten, um schließlich auf das entdeckte Element zu stoßen. Die Abfälle an Uranerz wanderten in den Labormüll, und allein die Körnchen Radium wurden aufbewahrt und bei wissenschaftlichen Vorträgen über die gemachte Entdeckung demonstriert.

Nun wollen wir die Frage beantworten, welchen Inhalt seiner Entdeckung der Wissenschaftler im Bewußtsein der wissenschaftlichen Welt verankern will. Oder anders ausgedrückt: Was ist in den Augen eines Entdeckers – nach der experimentellen Prüfung – jenes Stück objektive beziehungsweise wissenschaftliche Wahrheit, die in seiner Entdeckung enthalten ist? Was ist überhaupt objektive beziehungsweise wissenschaftliche Wahrheit? Es ist das, was die objektiv existierende Realität widerspiegelt, was ihr entspricht und in unserem Bewußtsein als wissenschaftliche These, als Prinzip oder Gesetz der Wissenschaft fixiert und abgebildet wird. Da es sich um eine objektive Wahrheit handelt, hat sie frei zu sein von allem, was von außen in sie hineingetragen wird, was nicht der objektiven Realität entstammt, sondern seinen Ursprung in den subjektiven Prozessen der Wahrheitssuche und -findung hat, die der betreffende Wissenschaftler unter den betreffenden nichtwiederholbaren Bedingungen vollzogen hat. Der gesamte Weg, den seine Gedanken auf der Suche und während der Entdeckung dieses Stückchens Wahrheit durchmessen haben, ist individuell bedingt und deshalb unwiederholbar. Er enthält viel zutiefst Persönliches, das im Lebensweg des betreffenden Wissenschaftlers, in seinen individuellen Neigungen und Gewohnheiten begründet ist. So war eben jenes chemische Patiencespiel, mit dem sich Mendeleev beschäftigte und das ihm zur Entdeckung des Periodengesetzes verhalf, Ausdruck einer bereits in der Kindheit erworbenen Gewohnheit des Patiencelegens. Vielleicht hätte ein Wissenschaftler, der die Musik liebt, zu anderen Hilfsmitteln gegriffen, um das Periodengesetz zu entdecken. So hat beispielsweise Newlands den Ansatz des Periodengesetzes mit der Existenz von Tonleitern und Oktaven in Verbindung gebracht, und er bezeichnete das von ihm geahnte Gesetz als „Gesetz der Oktaven".

Wenn es aber um eine objektive Wahrheit geht, dann muß alles, was nicht der im Ergebnis einer Entdeckung erkannten Realität angehört, und folglich auch alles, was einzig und allein der Sphäre der subjektiven Verstandestätigkeit beziehungsweise den subjektiven Emotionen entspringt, aus eben diesem erkenntnistheoretischen Grunde aus der Information ausgeschlossen werden, die der Entdecker an die wissenschaftliche Welt richtet, damit sie dort als neu entdeckte objektive Wahrheit aufgenommen werden kann.

Daß es sich aus erkenntnistheoretischer Sicht so und nicht anders verhält, ist leicht einzusehen, wenn man einmal folgende Frage aufwirft: Was wäre geschehen, wenn nach langwierigem Suchen auf Wegen, wie sie etwa Dalton und Mendeleev eingeschlagen hatten, überhaupt keine neue objektive Wahrheit gefunden worden wäre? Dann hätte es doch sicherlich ein Wissenschaftler niemals unternommen, irgendjemandem mitzuteilen, daß er zwar gesucht, aber nichts gefunden hat, wie interessant auch immer die von ihm eingeschlagenen Wege gewesen sein mögen. Da sie ihn zu nichts geführt haben, wird es auch keine Information über sie geben, zumindest nicht die Information, die im Falle eines nach Meinung des Suchenden positiven Ergebnisses an die wissenschaftliche Welt weitergegeben worden wäre.

Aber die objektive Wahrheit, oder genauer gesagt, das Körnchen Wahrheit, das vom Entdecker freigelegt wurde, ist gegenüber der insgesamt verarbeiteten Information ebenso winzig wie die Menge Edelmetall oder kostbaren Minerals gegenüber den riesigen Erzmengen, die für seine Gewinnung angereichert werden mußten. Deshalb wird die gigantische geistige und physische Arbeit, die der Wissenschaftler während einer Entdeckung leistet, zuweilen in wenige, den gesamten Inhalt der gemachten Entdeckung ausdrückende Worte zusammengedrängt und verdichtet, und das Ergebnis ist, daß die Beweisführung einen relativ kleinen Raum einnimmt, während für die Gewinnung der Wahrheit selbst ganze Berge von Fakten und Meinungen durchgesehen und kritisch geprüft werden mußten.

Ist eine Wahrheit, und wir meinen hier eine objektive Wahrheit, aber einmal gefunden und formuliert, dann pflegen die Menschen die Illusion zu hegen, daß sie auf einem ebenso kurzen und direkten Wege gefunden wie sie mitgeteilt wurde.

Mit einem Wort: Die gegenwärtige Form, in der man eine gefundene Wahrheit in das Bewußtsein der wissenschaftlichen Welt einführt, wird für den Gang ihrer eigentlichen Entdeckung ausgegeben. Am Beispiel Chomjakovs konnten wir das in aller Deutlichkeit erkennen. Dabei kommt es gewissermaßen zu einer Massenhypnose, die wie Scheuklappen wirkt und dafür sorgt, daß nur das gesehen wird, was der betreffenden, aber eben falschen Version nicht widerspricht und daß darüber hinaus das, was ihr widerspricht und sie widerlegt, in eben ihrem Sinne interpretiert wird.

Die Logik der Entdeckung unterscheidet sich erheblich von der Logik ihrer Aufnahme, da die Erkenntnisprobleme, die im Stadium des Suchens und im Stadium der notwendig gewordenen Mitteilung über die vollzogene Entdeckung vorliegen, sich wesentlich voneinander unterscheiden. Beide Prozesse laufen nach ihrer eigenen logischen Folgerichtigkeit ab. Im ersten Falle besteht die Logik darin, den von den Vorgängern zurückgelegten Weg fortzusetzen. Deshalb stoßen Versionen, die aus irgendwelchen für die Wissenschaft abwegigen Überlegungen vorgeben, der Entdecker habe alles, was die Wissenschaft vor ihm erreicht hatte, über Bord geworfen und er sei ausschließlich seinem eigenen unabhängigen Wege gefolgt, auf wenig Vertrauen.

Wenn sich vor den sechziger Jahren des 19. Jahrhunderts die Vorstellungen der Chemiker im Rahmen des Einzelnen und des Besonderen bewegt hatten, so mußte Mendeleev hier anknüpfen, da er mit seinen Untersuchungen nicht noch einmal ganz von vorne, gewissermaßen beim Punkte Null anfangen konnte. Und so war es auch tatsächlich. Dennoch wird ihm beharrlich ein anderes Vorgehen zugeschrieben, wonach er angeblich den gesamten Erkenntnisgang vom Einzelnen über das Besondere zum Allgemeinen, dem er übrigens genauso wie alle Chemiker seiner Zeit folgte, durch eine direkte Bewegung vom Einzelnen zum Allgemeinen ersetzt haben soll, wonach er erst, wie weiter behauptet wird, im Allgemeinen das aufgedeckt hat, was wir hier als Besonderes bezeichnen. Dadurch, so wird ausgeführt, wurde der solange von den Wissenschaftlern auf der Suche nach der Wahrheit beschrittene Weg verlassen und die Kontinuität in der Entwicklung der Vorstellungen der Chemie aufgegeben und unterbrochen. Natürlich wäre eine solche Möglichkeit, abstrakt gesehen, nicht gänzlich von der Hand zu weisen. Doch war sie wenig wahrscheinlich, da die Entwicklung der wissenschaftlichen Erkenntnis ihren eigenen Gesetzmäßigkeiten folgte. Eine dieser Gesetzmäßigkeiten aber ist die Kontinuität der Ideen, Begriffe, Theorien, Hypothesen und Methoden der Wissenschaft. In unserem Falle, bei der Entdeckung des Periodengesetzes, wurde, wie wir gesehen haben, von dieser Gesetzmäßigkeit keinesfalls abgewichen.

So haben wir in unserem Beitrag mit der Analyse der Geschichte zweier großer Entdeckungen, die im 19. Jahrhundert in der Chemie gemacht wurden – der chemischen Atomistik und des Gesetzes der Periodizität –, gezeigt, warum die Entdeckung und die Information über die gemachte Entdeckung zwei prinzipiell unterschiedliche Prozesse sind. Zugleich haben wir versucht, die Ursachen dieser Unterschiede von verschiedenen Gesichtspunkten aus, nämlich vom Standpunkt der Psychologie, der Logik und der Erkenntnistheorie aus zu beleuchten.

Literatur

[1] Marx, K., Das Kapital, Bd. I, in: Marx/Engels, Werke (im folgenden MEW), Band 23, Berlin 1968
[2] Engels, F., Dialektik der Natur, in: MEW, Band 20, Berlin 1964
[3] Lenin, W. I., Philosophische Hefte, in: Werke, Bd. 38, Berlin 1964
[4] Dalton, J., Sbornik izbrannych rabot po atomistike, Leningrad 1940
[5] Thomson, Th., Systems of Chemistry, Bd. V, London 1807
[6] Roscoe, H. E., Harden, A., A new view of the origin of Dalton's atomic theory, London 1896
[7] Thomson, T., History of Chemistry, Bd. II, London 1831
[8] Philosophical transactions of the Royal Society of London, London 1808
[9] Savčenkov, F., Istorija chimii, St. Petersburg 1870
[10] Menšutkin, B. N., Chimija i puti ee razvitija, Moskau 1937
[11] Mendeleev, D. I., Periodičeskij zakon, Moskau 1958
[12] Collection of Czechoslovak chemical communication, Bd. 2, Prag 1930
[13] Druce, G., Two Czech Chemists, London 1944
[14] Mendeleev, D. I., Novye materialy po istorii otkrytija periodičeskogo zakona, Moskau/Leningrad 1950
[15] Mendeleev, D. I., Naučnyj archiv, Bd. I, Periodičeskij zakon, Moskau 1953
[16] Kolesnikov, A. L., Zakon Mendeleeva, Moskau 1954
[17] Agafošin, N. P., Izbrannye glavy obščej chimii, (Osnovy stroenija veščestva), Moskau 1956
[18] Mendeleev, D. I., Periodičeskij zakon, Dopolnitel'nye materialy, Moskau 1960
[19] Chomjakov, K. G., K istorii otkrytija periodičeskogo zakona D. I. Mendeleeva, in: Vestnik Moskovskogo universiteta, 12/1953

N. N. Semënov

Die Objektivität des Wissenschaftlers und die Bewertung von Entdeckungen

Die Wissenschaft ist absolut objektiv und von sich aus leidenschaftslos. Doch ist sie das Werk von Menschen, so daß es im Verlauf des wissenschaftlichen Schaffens beständig zu Widersprüchen zwischen der strengen Objektivität der Wissenschaft und den subjektiven Besonderheiten ihrer Schöpfer kommt.

Tatsächlich muß der ernste Wissenschaftler leidenschaftliche Liebe zur Wissenschaft sowie Intuition und Vorstellungskraft besitzen. Doch Leidenschaften machen mitunter blind, und Gefühle sind nicht selten trügerisch. Sie können einen jungen Wissenschaftler, der erstmalig neue interessante Fakten entdeckt, auf falsche Wege führen. Für den Wissenschaftler gibt es nichts Gefährlicheres als blinde Leidenschaft. Sie ist der gerade Weg zu ungerechtfertigter Überheblichkeit, zum Verlust der Selbstkritik, zum wissenschaftlichen Fanatismus, zur Pseudowissenschaft. Nicht selten besitzen solche Fanatiker die Fähigkeit, ihre Umgebung zu beherrschen und sich unverdient eine Monopolstellung zu erobern, die die wahre Wissenschaft unterdrückt und dem Lande auf bestimmten Gebieten Schaden zufügen kann. Die künstlich aufgebaute Stellung unanfechtbarer Autorität, die administrative Unterdrückung jeglicher Kritik seitens Andersdenkender prägen unvermeidlich die psychologische Entwicklung eines solchen Wissenschaftlers. Wie alle Propheten wird er alle möglichen Dogmen in mystische und undurchsichtige Ausdrücke kleiden. Der Glaube an sich selbst als einen Propheten der Wissenschaft entbindet ihn der Notwendigkeit, die Fachliteratur der Vergangenheit und der Gegenwart zu studieren. Das hat wiederum zur Folge, daß seine Anhänger einzig und allein seine persönlichen Ansichten und Theorien kennen und auf vielen Gebieten der Wissenschaft wahre Ignoranten sind. Besonders gefährlich ist das, wenn davon die Ausbildung der jungen Generation betroffen wird. Selbst die eigenen Versuche und die Versuche seiner Anhänger werden nicht mehr zur Prüfung seiner Dogmen herangezogen. Sie dienen in erster Linie nur noch der Propagierung seiner Ideen, der Bekehrung der „Ungläubigen“ zu „Gläubigen“. Schließlich weiß er selbst schon seit langem, daß seine Dogmen unfehlbar sind, und wenn die Erfahrung diesen Dogmen widerspricht, so ist die Erfahrung eben falsch: um so schlimmer für sie. Die Lehre beginnt Züge einer mittelalterlichen Scholastik anzunehmen. Solche Fälle sind natürlich sehr selten, aber jedermann weiß: es gibt sie.

Eines der Merkmale pseudowissenschaftlicher Verallgemeinerungen ist die Verwerfung sämtlicher Erfahrungen und Theorien der gesamten oder eines Teils der vorangegangenen Wissenschaft. In Wirklichkeit ist das Neue in der Wissenschaft aber niemals die bloße Negation des Alten, sondern lediglich seine wesentliche Veränderung, Vertiefung oder Verallgemeinerung im Zusammenhang mit neuen Bereichen der Forschung. Würde eine neue Theorie die alten Gesetzmäßigkeiten und Theorien einfach hinwegfegen, so könnte es überhaupt keine Entwicklung der Wissenschaft geben. Jeder Phantasterei wäre Tür und Tor geöffnet, und sämtliche die Normen mißachtenden Vorstellungen und Emotionen hätten ihre Rechtfertigung. Glücklicherweise ist dem nicht so. So haben beispielsweise die Entdeckung der Relativitätstheorie, die Entdeckung des Elektrons, des Lichtquantums, der inneren Struktur des Atoms und seines Kerns weder die Newtonsche Mechanik noch die Gesetze der Optik, der Elektrodynamik, der chemischen Wertigkeit oder das Periodengesetz von Mendeleev außer Kraft gesetzt. Im Gegenteil, sie haben erst das innere Wesen dieser Gesetze aufgedeckt und so einen mächtigen Anstoß für die weitere Entwicklung der Physik und Chemie des 20. Jahrhunderts und für die Erschließung neuer Anwendungsmöglichkeiten (zum Beispiel der Atomenergie) gegeben.

Das Schwierigste und zugleich Wichtigste ist für den Wissenschaftler die Notwendigkeit, ein im höchsten Maße strenger und leidenschaftsloser Kritiker und Richter seiner eigenen Experimente, Verallgemeinerungen und Hypothesen zu sein. Die Intuition und Vorstellungskraft müssen ständig der Kontrolle durch den nüchternen Verstand unterliegen. Dessen aber nicht genug: Ein echter Wissenschaftler muß zwar leidenschaftslos sein, aber zugleich auch der leidenschaftlichste Kritiker dessen, was ihm am teuersten ist, nämlich seiner schöpferischen Arbeit, der er viele Tage und Nächte, Freude und Begeisterung geopfert hat. Er muß gewissermaßen sein eigener Feind sein. Das ist die Größe und Tragik des Wissenschaftlers.

Besonderes Mißtrauen muß der Wissenschaftler der Erfahrung, der obersten Richterin aller wissenschaftlichen Hypothesen und Theorien entgegenbringen. Er muß eine neue Theorie durch Versuche allseitig absichern, bei der Versuchsanordnung sämtliche möglichen Fehlerquellen sorgfältig ausschalten, und er darf keine Ergebnisse, die nicht mit seiner Hypothese übereinstimmen, verwerfen oder verheimlichen. Und wenn Wissenschaftler in anderen Ländern seine Ergebnisse prüfen und dabei neben den Versuchen, die die gewonnenen Ergebnisse bestätigen, plötzlich Fakten gewonnen werden, die der betreffenden Theorie widersprechen, dann muß er mit aller ihm zu Gebote stehenden Gewissenhaftigkeit diese Versuche prüfen und entweder zeigen, daß dem Opponenten ein Fehler unterlaufen ist, oder sich davon überzeugen, daß der Opponent Recht hat, und dann offen und ehrlich bekennen, daß die eigene Theorie irrig oder zumindest teilweise irrig war. Er hat dies ohne Vorbehalte und offen zuzugeben, wie schwer es ihm auch fallen mag.

Ich möchte hier ein mir unvergeßliches Beispiel anführen, das mich persönlich betraf. In meinem Laboratorium wurde in der Mitte der zwanziger Jahre bei einer Untersuchung ganz unerwartet festgestellt, daß eine sehr rasch verlaufende Reaktion bei Druckminderung bis zu einer bestimmten Größe völlig aufhört. Meine Mitarbeiter veröffentlichten die erzielten Ergebnisse. In jener Zeit galt Professor Bodenstein auf dem Gebiete der chemischen Kinetik als ein Gelehrter von Weltruf. Nachdem er unseren Aufsatz gelesen hatte, veröffentlichte er einige kritische Bemerkungen und führte zwei, so schien es, „vernichtende" Einwände an.

Der erste Einwand war allgemeiner Natur und bezog sich darauf, daß Ausgang des 19. Jahrhunderts in zahlreichen Untersuchungen die Existenz sogenannter „Pseudogleichgewichtsverhältnisse" festgestellt worden war.

Später konnte jedoch von vielen Wissenschaftlern, darunter auch von M. Bodenstein selbst, nachgewiesen werden, daß es Erscheinungen dieser Art nicht gibt und daß sie auf Versuchsfehler zurückzuführen sind. M. Bodenstein war der Ansicht, daß unser Fall ein typisches Beispiel eines solchen „Pseudogleichgewichtsverhältnisses" war. In einer detaillierten Analyse unserer Versuchsanordnung wies er nach, daß uns ein methodischer Fehler unterlaufen war, der seiner Meinung nach ein falsches Ergebnis zur Folge hatte.

Nach dem Erscheinen des Aufsatzes von Bodenstein waren wir im Institut und im Laboratorium von der Richtigkeit der Kritik überzeugt, und ich durchlebte nicht wenige unangenehme Stunden. Nachdem wir sämtliche von Bodenstein aufgezeigten Fehlerursachen sorgfältig ausgeschaltet hatten, wiederholte ich die Versuche noch einmal. Dabei zeigte sich, daß die betreffende Erscheinung tatsächlich existiert und noch klarer als in den ursprünglichen Versuchen zutage trat. Die unter verschiedenen Bedingungen erweiterten Versuche zeigten, daß es die kritische Erscheinung nicht nur in bezug auf den Druck, sondern auch auf die Gefäßgröße, die Konzentration der reagierenden Gase, die Größe der Beimengungen u. a. Faktoren gab.

Wir waren auf eine experimentelle Gesetzmäßigkeit gestoßen, die sämtliche aufgezählten Parameter in eine einheitliche Formel zusammenzufassen gestattete. Jetzt hatten wir auch die Ursache der von uns beobachteten Erscheinung erkannt, die der Ausgangspunkt für die Entdeckung einer großen neuen Klasse sogenannter „verzweigter Kettenreaktionen" war. Für sie ist dieser „Pseudogleichgewichtszustand", der solange als nicht existent galt, charakteristisch.

1927 wurden die Ergebnisse meiner Arbeit veröffentlicht. Fast umgehend erhielt ich einen Brief von M. Bodenstein, in dem er alle seine Einwände zurücknahm und unsere Entdeckung bestätigte. Kurz danach tat er dies auch öffentlich auf der nächsten Tagung der Elektrochemiker. Muß hier noch gesagt werden, wie dankbar ich Prof. M. Bodenstein für seine Kritik war, ohne die wir wohl kaum unsere Arbeit fortgesetzt hätten.

In dem hier angeführten Beispiel wird die Prinzipientreue eines großen Gelehrten sichtbar, der eine anerkannte Autorität auf seinem Fachgebiet war und eine ganz bestimmte Auffassung vertrat. Sobald er jedoch klare Beweise in den Händen hielt, die seine bisherigen Ansichten widerlegten, unterstützte und verbreitete er sofort die neuen Ergebnisse der jungen und noch völlig unbekannten Wissenschaftler.

Ich glaube, daß auch ich damals richtig gehandelt habe, als ich alle meine Kräfte auf die Lösung der Frage konzentrierte, ob ich Recht hatte oder nicht, und dann je nach der Antwort meinen Standpunkt aufgeben oder aber die anderen von der Richtigkeit meiner Ansichten überzeugen wollte.

Im weiteren Verlauf entwickelten sich zwischen mir und M. Bodenstein feste wissenschaftliche Kontakte, und ich werde ihm stets für die nützlichen Ratschläge und das beständige Interesse dankbar bleiben, das er meinen Arbeiten entgegenbrachte. Aber in meinem Leben traf ich auch mit Menschen zusammen, die das Hauptvermächtnis des Wissenschaftlers mißachteten. Doch hat die wissenschaftliche Öffentlichkeit rasch die Unhaltbarkeit ihrer Arbeiten nachgewiesen. Die Reinheit der Wissenschaft zu bewahren, ist die erste Pflicht des Wissenschaftlers. Ich darf mit voller Überzeugung sagen, daß die sowjetischen Wissenschaftler in ihrer überwiegenden Mehrheit den eben genannten Prinzipien der Wissenschaftsentwicklung ergeben sind. Der beste Beweis, daß sie auf dem richtigen Weg voranschreiten, sind die in der ganzen Welt anerkannten Leistungen der sowjetischen Wissenschaft.

I. B. Pogrebysskij

Über die Bewertung wissenschaftlicher Entdeckungen

„Der Standard ist eingehalten" oder „Entspricht genau dem Muster" – das etwa sind Formulierungen für ausgezeichnete Einschätzungen von Erzeugnissen, die in die Massenproduktion aufgenommen werden sollen. In der wissenschaftlichen Arbeit hingegen ist das etwa gleichbedeutende „Nichts Neues" die härteste und vernichtendste Kritik. Eine wissenschaftliche Arbeit muß stets etwas Neues, also irgendeine Entdeckung enthalten, und sei sie noch so bescheiden. Deshalb schließt die Bewertung einer wissenschaftlichen Arbeit immer ein Urteil über eine Entdeckung ein. Diese Bewertungen, stammen sie nun von Zeitgenossen oder von nachfolgenden Generationen, sind deshalb ein wesentliches und aufschlußreiches Material der Wissenschaftsgeschichte. Daß Urteile über ein und dieselbe wissenschaftliche Arbeit beziehungsweise über ein und dieselbe Entdeckung, besonders wenn es sich um einen Forschungsgegenstand handelt, der in ideologische Auseinandersetzungen eingreift, weit auseinandergehen können, ist allgemein bekannt. Dagegen scheint es, daß in den sogenannten exakten Wissenschaften, noch dazu wenn es um verifizierbare Fakten und Behauptungen geht, keine allzu großen Diskrepanzen in den Werturteilen auftreten dürfen. Nichtsdestoweniger liefert uns sogar die Geschichte der Mathematik erstaunliche Fälle dafür, wie paradox und wider alle Erwartungen das Neue, also Entdeckungen, beurteilt werden können. Wir wollen hier an einigen Beispielen, die unserer Meinung nach nicht einer gewissen Bedeutung für die Psychologie des wissenschaftlichen Schöpfertums entbehren, zeigen, warum Entdeckungen verworfen werden können.

Eine der erstaunlichsten Tatsachen ist wohl, daß „Galilei allzeit die Keplerschen Gesetze ignorierte, obwohl er, wie feststeht, zwei von ihnen bereits 1612 kannte" [1, S. 13–14]. Nebenbei sei bemerkt, daß die Ignorierung einer Entdeckung, von der man Kenntnis erhalten hat, der niedrigsten Einschätzung, wenn nicht gar der völligen Ablehnung gleichkommt. Welche Umstände waren in unserem Falle Galilei–Kepler maßgebend? Sie müssen uns, wie der amerikanische Wissenschaftshistoriker E. Panofsky schreibt, tatsächlich in Erstaunen versetzen. In der Zeit, als Kepler seine große Entdeckung machte, daß sich die Planeten um die Sonne nicht auf Kreis-, sondern auf Ellipsenbahnen bewegen, war die Astronomie das Hauptbetätigungsfeld Galileis, so daß er mit dieser Entdeckung einfach bekannt sein mußte. Es waren dies die Jahre seiner eigenen astronomischen Entdeckungen, der lebhaften Polemik, die sie ausgelöst hatten und des lauten Ruhmes, den sie ihm eingebracht hatten. Mit Kepler stand Galilei in Briefwechsel; es ist ausgeschlossen, daß er dessen Begabung als Wissenschaftler sowie die Bedeutung der Unterstützung des Kopernikaners Kepler nicht einzuschätzen vermochte. Natürlich waren die von Kepler entdeckten Ellipsenbahnen der Planeten keine Tatsache, mit der man sich hätte leicht abfinden können. Sie bedeuteten den Sturz jahrhundertealter Traditionen und widersprachen den bereits im wissenschaftlichen Denken der Antike verwurzelten Vorstellungen, daß die natürliche Bewegung, also auch die der Himmelskörper, die Bewegung auf Kreisbahnen sei. Aber soll man Galilei des Konservatismus, des Festhaltens an althergebrachten Vorstellungen bezichtigen? Und dennoch bleibt es eine harte Tatsache, daß Galilei ganze dreißig Jahre lang, nämlich von 1612 bis an sein Lebensende weder in seinen Druckschriften noch in den erhaltenen Manuskripten oder in seiner umfangreichen Korrespondenz, in der der Aufbau des Sonnensystems mehr als hundertmal zur Sprache gebracht wird, auch nur ein einziges Mal die Entdeckungen Keplers erwähnt. Seine Äußerungen und Urteile sind vielmehr so gehalten, als ob es keinerlei neue Angaben über die Umlaufbahnen der Planeten gegeben hätte.

In diesem Falle können wohl kaum prinzipielle Unterschiede in den Weltanschauungen oder Methoden oder mangelnde Aufgeschlossenheit beziehungsweise Konservatismus oder gar Altersschranken (Galilei war nur ganze sieben Jahre älter als Kepler) die Ursachen dafür abgeben, daß sich der eine geniale Wissenschaftler den Entdeckungen des anderen genialen Wissenschaftlers verschloß. Dennoch liegt ein ganz klarer Fall der Verweigerung der Aufnahme des Neuen durch Galilei vor. Wir schließen uns uneingeschränkt den Erklärungen an, die E. Panofsky in seiner Studie anführt. Er reduziert das ganze Problem auf einen speziellen Fall von Inkompatibilität, nämlich auf die Unverträglichkeit der von Kepler entdeckten elliptischen Umlaufbahnen mit dem gesamten System der ästhetischen, mathematischen und naturwissenschaftlichen Ansichten Galileis. Die Ehrlichkeit des Wissenschaftlers hätte von ihm gefordert, die eigenen Theorien aufzugeben, sobald auch nur eine einzige, sie widerlegende Tatsache aufgedeckt war. Aber die herkömmlichen Denkbahnen auf Grund gewisser „unbequemer“ Fakten aufzugeben, ist eine recht diffizile Angelegenheit. Schließlich kann man immer noch darauf bauen, die neuen Fakten eines Tages ohne Preisgabe der eigenen Prinzipien interpretieren zu können. Der Widerspruch offenbart sich in solchen Fällen in der Regel nicht in Form einer scharfen Alternative.

Bedeutend einfacher und durchsichtiger ist der psychologische Hintergrund dann, wenn eine Entdeckung nicht abgelehnt, sondern lediglich in bestimmtem Maße unterschätzt wird. Beurteilt ein Wissenschaftler das Werk eines Fachkollegen, so ist er geneigt, das zu überschätzen, was er selbst nur unter Schwierigkeiten vollbringen könnte, und das zu unterschätzen, was ihm selbst relativ leicht gelänge. Beispiele für das eine und das andere liefern uns die Äußerungen des hervorragenden französischen Mathematikers Hadamard (1865–1963) über zwei andere hervorragende Gelehrte: Ch. Hermite (1822–1901), jahrelang das anerkannte Haupt der französischen Mathematiker, und Henri Poincaré (1854–1912), unbestritten der größte Mathematiker seiner Generation, das heißt der Zeit von etwa 1880 bis zu seinem Tode. Poincaré und Hermite zeigten in vielem große Unterschiede: in ihrer Denkweise, im Arbeits- und im Darlegungsstil sowie auch in ihren wissenschaftlichen Interessen. Man kann sie schwer miteinander vergleichen, und müßte man einem den Vorzug geben, dann Poincaré. Hadamard, ein Schüler Hermites und jüngerer Kollege Poincarés, stand, was Anlage und Denkweise betraf, Poincaré nahe, war ihm aber in Begabung, Vielseitigkeit und Produktivität nicht ebenbürtig. Und so schreibt Hadamard in seinem „Versuch einer Psychologie der Erfindung auf dem Gebiete der Mathematik“ [2], daß ihm die Arbeiten Hermites stets Bewunderung abverlangten: „Welch bemerkenswerte Ergebnisse! Wie konnte er sich nur diese Dinge ausdenken?“ Poincaré hingegen ließ ihn unberührt. „Als ich eine seiner großen Entdeckungen gelesen hatte“, so führt er aus, „hatte ich den Eindruck, daß sie, so bemerkenswert sie war, schon längst hätte gemacht sein müssen.“ Hadamard gibt zwar selbst zu, daß dies sicherlich ein Irrtum sei, fügt aber danach eine Erklärung ein, die den psychologischen Aspekt der Angelegenheit erschöpfend darlegt. Die Schlußfolgerung, die dem Wissenschaftler logisch erscheint, die also seiner eigenen Denkweise entspricht und ihm deshalb natürlich vorkommt, weckt nicht seine Bewunderung und scheint ihm deshalb auch keine große Leistung zu sein. Einem anderen Wissenschaftler wird sich die gleiche Schlußfolgerung als eine Leistung der Intuition darbieten und, wenn sie richtig ist, eine weit stärkere

Wirkung erzielen, wie eine Erleuchtung aufgenommen und in den Augen des verzückten Bewunderers zu einer ihm unerreichbar scheinenden schöpferischen Leistung erhoben. Wenn es solche Fälle bereits in der Mathematik gibt, wo der Anteil der rein logischen Operationen besonders hoch ist, so ist in den anderen Wissensdisziplinen um so mehr mit ihnen zu rechnen. Tatsächlich übt diese psychologische Haltung in sämtlichen Sphären des wissenschaftlichen Schöpfertums, ja des Schöpfertums ganz allgemein, ihren Einfluß auf die Bewertung wissenschaftlicher Leistungen aus. Das gilt allerdings nur so lange, wie die Unterschiede nicht allzu groß sind und keine anderen Faktoren ins Spiel kommen, da dann, wie wir dies am Beispiel Galilei – Kepler gesehen haben, der Entdeckung die Aufnahme völlig verweigert wird.

Wir wollen noch ein weiteres Beispiel einer vollständigen Inkompatibilität anführen, das nicht weniger eindrucksvoll und möglicherweise nicht weniger aufschlußreich ist als der eben beschriebene Fall. In den zwanziger Jahren des vorigen Jahrhunderts kamen drei Wissenschaftler – Cauchy, Poinsot und Navier – fast zur gleichen Zeit, aber mit völlig unterschiedlichen Methoden und ganz anderen Ausgangsthesen zu demselben und dabei sehr wichtigen Ergebnis: Es war ihnen gelungen, ein System von Differentialgleichungen aufzustellen, das den Gleichgewichtszustand und die Dynamik elastischer Körper (genauer gesagt: idealer elastischer Körper, bei denen die Deformationen unter der Einwirkung einer Kraft dieser Kraft genau proportional sind) beschreibt. Ihren Erfolg hatten sie insbesondere der Tatsache zu verdanken, daß sie eine richtige Vorstellung von der Verteilung der Kräfte gewinnen konnten, denen die einzelnen Teilchen solcher elastischer Körper unter Belastung ausgesetzt sind. So pflanzt sich in einer Flüssigkeit ohne Viskosität (nichtelastischer Körper) der Druck nach allen Seiten gleichmäßig fort und ist stets senkrecht zu der in dieser Flüssigkeit angenommenen Ebene gerichtet. In einem elastischen Körper dagegen kann eine Kraft, die auf eine in diesem Körper angenommene Fläche wirkt, im Regelfalle in einem beliebigen Winkel zu dieser Fläche ausgerichtet sein, so daß die Erklärung der Verteilung dieser Kraft über den gesamten elastischen Körper zweifellos eine bemerkenswerte Leistung darstellte. Aber der Zeitgenosse und Landsmann der Begründer der Elastizitätstheorie, der französische Mathematiker Poinsot, sah in dieser Entdeckung nichts Besonderes. Wie sein Biograph Bertrand berichtet, wollte Poinsot nicht einmal etwas davon hören, daß Cauchy und andere Mathematiker in der Elastizitätstheorie zu wesentlichen Erkenntnissen gelangt waren. „Sie haben da so einen schiefen Druck“, lautete sein endgültiges (und ablehnendes) Urteil.

Dieser Vorfall ist deshalb so aufschlußreich, weil hier ganz offensichtlich keine Differenzen in weltanschaulichen Fragen vorlagen: Alle drei gehörten der gleichen Generation an, waren den gleichen Bildungsweg gegangen und entstammten dem gleichen kulturellen Milieu. Zudem war das Neue, das Poinsot, ein theoretischer Mechaniker mit klar ausgeprägtem bildhaften und geometrischen Denken, beurteilen sollte, bei weitem nicht von so grundlegender Bedeutung wie im Falle Galilei – Kepler. Allerdings hatte sich Poinsot selbst nicht mit der Elastizitätstheorie befaßt. Dennoch hatte dieser „schiefe Druck" für ihn stets etwas Ketzerisches, obwohl er noch ein Vierteljahrhundert lang Gelegenheit hatte, die Entwicklung der Elastizitätstheorie auf dem Wege zu verfolgen, der durch die Begründer des „schiefen Drukkes" festgelegt worden war. Das Hindernis für Poinsot konnte keinesfalls die Kompliziertheit des neuen Begriffes sein, schließlich war hier alles recht einfach. Auch hier war eine Entdeckung aus rein psychologischen Gründen verworfen worden, nämlich wegen der Inkompatibilität (im Bewußtsein Poinsots) des neuen Begriffes und der herrschenden traditionellen Vorstellungen. Und auch hier gab es, nebenbei gesagt, keinerlei durch Altersunterschiede gesetzte Barrieren.

Doch gibt es im folgenden Beispiel keinen Zweifel, daß gerade wegen des hohen Alters Christian Huygens das Infinitesimalkalkül des berühmten Leibniz mit mehr als nur reservierter Zurückhaltung aufnahm. Huygens hatte die von Leibniz ausgearbeiteten Algorithmen erst in seinen letzten Lebensjahren – er stand bereits im siebenten Jahrzehnt – kennengelernt, und er konnte sich nur ganz allmählich zu einer höheren Einschätzung durchringen. Aber diese für das Ende des 17. Jahrhunderts neue mathematische Analyse wurde, und zwar aus ganz unterschiedlichen Gründen, auch von Wissenschaftlern abgelehnt, die weit jünger waren als Huygens.

Die Geschichte der Mathematik – und gerade der Mathematik – liefert nicht wenige Beispiele dafür, daß neue Entdeckungen aus rein psychologischen Gründen unterschätzt oder gänzlich abgelehnt wurden. Es ist zum Beispiel bekannt, daß der berühmte Čebyšev niemals die Theorie der Funktionen komplexer Veränderlicher „anerkennen" wollte, die gerade zu seinen Lebzeiten eine führende mathematische Disziplin war. Was hier vorlag, läßt sich schwer sagen, aber mit irgendwelchen prinzipiellen Einwänden kann die Ablehnung der Ergebnisse und Methoden eines ganzen Zweiges der Mathematik wohl kaum erklärt werden. Wir haben es wieder mit einer Ablehnung zu tun, die ihre Ursachen in psychologischen Faktoren hat. Der hervorragende Schüler Čebyševs A. A. Markov hatte seinerseits die Geometrie „nicht anerkennen“ wollen, um ein weiteres Beispiel von „Phobie“ unter den Mathematikern anzuführen. Hadamard weiß das gleiche von Hermite zu berichten: „Er empfand einen eigenartigen Haß gegenüber der Geometrie, und eines Tages, so seltsam dies klingen mag, warf er mir vor, daß ich eine Denkschrift über die Geometrie veröffentlicht habe“ [2].

Weder für Hermite noch für Markov hatten Entdeckungen auf dem Gebiete der Geometrie irgendwelchen Wert. Aber es gab ihrer eine ganze Anzahl auf diesem Gebiet in der Zeit, als diese beiden Koryphäen den Entwicklungsgang der Mathematik tätig mitbestimmten. Dabei lag die Ursache ihrer ablehnenden Haltung keineswegs darin, daß weder Hermite noch Markov Geometer, sondern Analytiker beziehungsweise Algebraiker waren. Denn es gab sehr wohl Analytiker (K. Weierstraß) als auch Algebraiker (E. Noether), die durchaus Verständnis für die Geometrie zeigten. Wir haben es also wiederum mit einer entschiedenen Ablehnung der Bedeutung von Entdeckungen zu tun, die auf Gebieten gemacht wurden, die den betreffenden Wissenschaftlern psychologisch fremd waren. Das ist schon keine Inkompatibilität oder mangelnde Aufgeschlossenheit mehr, sondern eine bestimmte, in ihren Ursachen nicht klar erfaßbare Intoleranz. Mächtige interne Imperative müssen bei Personen, die ihnen unterliegen, auch den Gang des schöpferischen Prozesses mitbestimmen. Einschätzungen und Selbsteinschätzungen, die auf dieser Grundlage erfolgen, mögen in einigen Fällen stimmen, in anderen tun sie es aber nicht, und das berühmte Puschkinsche Wort „Du bist selbst dein höchster Richter; am schärfsten kannst dein Werk du selber prüfen, Dichter“ [3, S. 332] ist auf sie sicherlich nicht anzuwenden.

Abschließend sei noch bemerkt, daß es Entdeckungen gibt, die bei einer bestimmten Kategorie von Personen immer wieder auf einen derart energischen und systematischen Widerstand stoßen, daß man kaum noch von nicht voll bewußt gewordenen Vorbehalten und Motiven sprechen kann. Wie die Wissenschaftsgeschichte zeigt, sind das in erster Linie Entdeckungen, die eine negative Schlußfolgerung begründen oder erhärten. Mit Zirkel und Lineal läßt sich kein Quadrat konstruieren, das einem vorgegebenen Kreis gleichgroß ist, und genau so unmöglich ist es, mit diesen beiden Instrumenten die Dreiteilung eines beliebig vorgegebenen Winkels zu bewerkstellen; mit keinerlei physikalischen Erscheinungen läßt sich die gleichmäßige und gradlinige Bewegung eines Systems in bezug auf ein anderes feststellen (spezielles Relativitätsprinzip): solche und ähnliche „unmöglich“ stoßen immer wieder auf zahlreiche Widerlegungsversuche. Hier kommt man wohl kaum ohne psychologische Faktoren aus. Die Aneignung von etwas

Neuem und Ungewöhnlichem wird offensichtlich erschwert, wenn damit eine unüberwindbare Schranke errichtet wird. Das gilt offenkundig auch für das Schöpfertum: Nicht umsonst genießt in der Welt der Kunst die „Weisheit der Selbstbescheidung" ein so hohes Ansehen, und am anderen Pol, in der Welt der Mathematik, werden „Unmöglichkeitsbeweise" für besonders diffizil gehalten.

Literatur

[1] Panofsky, E., Galilei, nauka i iskusstvo, in: U istokov klassičeskoj nauki, Moskau 1963

[2] Hadamard, J., Essai sur la psychologie d'invention dans le domaine des mathématiques, Paris 1954

[3] Puschkin, A. S., in: Gesammelte Werke, Bd. 6, Berlin 1968

P. S. Aleksandrov

Mathematische Entdeckungen und ihre Aufnahme

In einer mathematischen Entdeckung ist mitunter eine einzige Tatsache, etwa der Beweis eines lange Zeit unbewiesenen Theorems, von ausschlaggebender Bedeutung. So war es beispielsweise eine Sensation, als der schwedische Mathematiker Carleson eine der Hypothesen von N. N. Lusin beweisen konnte, was vierzig Jahre lang niemandem gelungen war. Carleson hatte zu seiner Beweisführung keinerlei neue Methoden eingeführt, sondern war vielmehr von den klassischen Methoden ausgegangen, wobei er allerdings beträchtliche Schwierigkeiten überwinden mußte. Das Ergebnis seiner Arbeit war außerordentlich bedeutungsvoll.

Ein anderes Beispiel ist die Lösung des Goldbachschen Problems für ungerade Zahlen durch I. M. Vinogradov. Hier sind die von Vinogradov entwickelten Methoden und der Lösungsweg das eigentlich Neue. Es ist deshalb schwer zu sagen, was bedeutsamer ist: die neuen Methoden, mit denen Vinogradov und andere Mathematiker auch noch später zahlreiche Probleme lösten, oder die sensationelle Lösung einer Aufgabe, mit der zweihundert Jahre lang niemand fertig geworden war.

Aus der Sicht der in der Mathematik allgemein üblichen Bewertung ist die Leistung Vinogradovs bedeutsamer als die Lösung des Problems der trigonometrischen Reihen durch Carleson.

Ein drittes Beispiel: H. Poincaré hatte mit der kombinatorischen Topologie ein völlig neues Gebiet geschaffen. Hier haben wir es nicht mehr mit einzelnen Fakten, sondern mit einer wesentlichen Erweiterung des Gebietes mathematischer Forschung und der Schaffung eines neuen Zweiges der Mathematik zu tun. Riemann hatte ebenfalls eine völlig neue – nämlich geometrische – Betrachtungsweise der Theorie der Funktionen komplexer Variablen eingeführt.

Wir sehen also, daß die großen mathematischen Entdeckungen in unterschiedliche Typen gegliedert werden können: den Beweis einzelner Theoreme; die Einführung neuer Methoden, meistens verbunden mit dem Beweis dieses oder jenes Faktums; schließlich die Entdeckung neuer Perspektiven, neuer Gebiete, neuer Betrachtungsweisen bereits existierender Theorien. Für den zuletzt genannten Typ lassen sich neben den bereits angeführten Beispielen noch die Arbeiten von Emmy Noether nennen, die in der modernen Algebra einen neuen Standpunkt und eine neue Richtung begründete. Die gegenwärtige Entwicklung der Algebra ist weder ohne Emmy Noether noch ohne Dedekind, der ihre Ansichten antizipierte und ihre größte Hochachtung genoß, vorstellbar.

Offensichtlich erfordert jeder der hier angesprochenen Typen von Entdeckungen einen besonderen schöpferischen Typ des mathematischen Forschers, der entweder mehr dazu neigt, einzelne Fakten zu entdecken, oder neue Methoden auszuarbeiten oder aber umfassende Konzeptionen und neue Arten der mathematischen Intuition einzuführen. Die letzte Art der schöpferischen Tätigkeit ist, insgesamt gesehen, für die Mathematik am wichtigsten. Deshalb bin ich der Meinung, daß Hilbert und Poincaré zu den größten Mathematikern ihrer Epoche zu rechnen sind.

Trotz allen Unterschiedes zwischen den einzelnen Typen von Entdeckern und Entdeckungen gibt es dennoch gewisse Gemeinsamkeiten und Einheitlichkeiten im Vorgehen zu neuen Ergebnissen. Die Grundlage hierfür ist eingehendes Nachdenken über einen bestimmten Kreis von Fragen, das die gesamte Psyche des betreffenden Wissenschaftlers, einschließlich seines Unterbewußtseins und selbst die emotionale Seite der Persönlichkeit in Anspruch nimmt. Ein solches intensives Nachdenken in einer bestimmten Richtung kann lange Zeit ohne jedes äußerlich wahrnehmbare Ergebnis bleiben. Plötzlich aber kommt es zu einer zufälligen Assoziation, indem irgendetwas rein zufällig Aufgenommenes auf das bereits im Bewußtsein und Unterbewußtsein des Forschers Gegebene stößt und das gesamte, bereits gespeicherte Material in Bewegung bringt: Dieses in der Tiefe des Unterbewußtseins befindliche „Band“ entfaltet sich gleich einer Spirale, und die bislang nur halbbewußt erfaßten Objekte erlangen mit einem Male völlige Klarheit.

Die Rolle des Zufalls als letzter Schritt in einer großen mathematischen Entdeckung ist im Vergleich zu dem, was diesem letzten Schritt vorausgeht, nicht groß. Denn vor ihm liegt eine lange Periode bewußter Anstrengungen sowie umfangreicher, im Unterbewußtsein ablaufender Prozesse, die die ganze Persönlichkeit des Wissenschaftlers in Anspruch nehmen. Diese Tätigkeit kann durch eine klar und deutlich vom Wissenschaftler selbst gestellte Aufgabe stimuliert sein, etwa eine Antwort auf eine bestimmte Frage zu finden, bestimmte Gesetzmäßigkeiten zu ergründen usw. Laplace sagte, er habe lediglich konsequent sämtliche Schlüsse aus dem Newtonschen Gesetz gezogen und keineswegs nach neuen Wegen zum Verständnis der Himmelsmechanik gesucht. Lobačevskij hatte seine grundlegenden Ideen offensichtlich relativ früh gefaßt, so daß er ihre systematische Ausarbeitung planen konnte. Wenn es sich aber um eine wirklich große Entdeckung handelt, muß diese langwierige zielgerichtete Arbeit ein Moment der inneren „Erleuchtung" aufweisen; dem Forscher muß etwas bewußt werden, das sich bis dahin seinem Blick verschlossen hatte. Bei der Lösung wirklich schwieriger Probleme gibt es stets den „Funken", der alles ins Rollen bringt, was vorher unter großen Anstrengungen und mit großer Willenskonzentration erworben wurde. Bedeutende Wissenschaftler sind vor allem Menschen, die zu kolossaler Willensanspannung fähig sind, ohne die es den Funken der Intuition nicht geben kann. Diese Fähigkeit, gepaart mit einer emotionalen Einstellung zur eigenen Arbeit, das heißt mit Liebe zur Sache, versetzt den Menschen in die Lage, Entdeckungen zu vollbringen, deren Maßstäbe niemals im vorhinein umrissen werden können. Was ist charakteristisch für die Aufnahme und Bewertung eines Fortschritts in der Wissenschaft? In der Mathematik kommen die ausschlaggebenden Wertungen stets aus kleinen Kollektiven und nicht von breiten Leserkreisen. Der Übergang von der engeren Umgebung des betreffenden Wissenschaftlers zur breiten wissenschaftlichen Öffentlichkeit darf sich deshalb nur ganz langsam vollziehen. Selbstverständlich beziehe ich mich hier nur auf die theoretische Grundlagenforschung; sobald es um unmittelbar praktisch nutzbare Ergebnisse geht, muß natürlich möglichst rasch die Bewertung durch die breite Öffentlichkeit vorliegen. Aber selbst die kompetenten Urteile der engeren Fachwelt können sich mitunter als höchst seltsam und allen Erwartungen zuwiderlaufend erweisen. Das zeigt Pogrebysskij sehr überzeugend an einigen Beispielen aus der Geschichte der Mathematik.[1]

Poincaré unterschied zwei Arten der mathematischen Intuition: die analytische und die geometrische. Meiner Meinung nach ist das keine vollständige Klassifikation. Zum analytischen Typ rechnete Poincaré nicht nur den Analytiker im Sinne der strengen klassischen Analyse (etwa Hermite oder Weierstraß), sondern auch den algebraischen beziehungsweise algebra-logischen Typ, der den Begriff der Formel viel

[1] Vgl. den Beitrag zu diesem Band „Über die Bewertung wissenschaftlicher Entdeckungen". Die in ihm angeführten Beispiele können meines Erachtens auch für einen breiteren Hintergrund gesehen werden.

weiter faßt: nicht im Sinne einer Rechenformel, sondern einer logischen Formel etc. – also jenen Typ, dessen perfekte Verkörperung Hilbert war. Andererseits muß die geometrische Intuition nicht nur den Gleisen der klassischen Geometrie folgen, sondern kann ebensogut als topologische Intuition auftreten, deren hervorragendster Vertreter Poincaré selbst war. Die Neigung zu diesem oder jenem Typ kann sich schon relativ früh in der Eigenart der mathematischen Begabung zeigen. Bei dem einen äußert sich die Begabung als „formelmäßige" Anlage, als Fähigkeit, sofort die Berechnung (im Sinne der mathematischen Analyse) vor sich zu sehen, also als spezielles Gefühl für die Formel. Diese Fähigkeit war im höchsten Grade bei Weierstraß und Hermite ausgebildet. Andere wiederum besitzen die Fähigkeit, mathematische Begriffe in einer abstrakteren Form aufzunehmen und neue mathematische Begriffe allgemeinerer Natur zu bilden. Diese Eigenschaft, die besonders für die moderne Mathematik von großer Bedeutung ist, war deutlich bei Emmy Noether ausgeprägt.

Natürlich setzen die unterschiedlichen Typen der mathematischen Begabung im gewissen Grade Interesse an der einen oder anderen Richtung in der Mathematik voraus, desgleichen Unterschiede in den Neigungen zum mathematischen Schaffen sowie in der Einstellung zur mathematischen Entdeckung. Mir scheint jedoch, daß auch die Traditionen der mathematischen Schule, der der betreffende Mathematiker entstammt, also das, was in dieser gelehrt und ihm gewissermaßen mit der Muttermilch eingegeben wurde, von nicht geringer Bedeutung sind. Ganz offensichtlich war die Hermitesche Schule in diesem Sinne außerordentlich stark und hatte großen Einfluß auf die Jugend ihrer Zeit; und zweifellos war Hadamard, ein Schüler Hermites, in stärkerem Maße dem allgemeinen mathematischen Stil der klassischen Analyse verbunden als Poincaré. Hadamard war weit mehr der klassische Mathematiker als Poincaré. Wir wollen damit sagen, daß Poincaré eine völlig neue Art der Intuition in die Mathematik einführte, die qualitativgeometrische oder wie wir heute sagen: die topologische Intuition. In seinem Schaffen hatte Poincaré in weit geringerem Maße, als dies für die klassische Analyse typisch ist, mit Formeln zu tun. Hadamard hingegen stand nach Tradition und psychologischer Anlage der klassischen Mathematik der Formeln weit näher. Es verwundert deshalb, wenn er schreibt, daß ihm die von Poincaré erzielten Ergebnisse wie selbstverständlich vorkommen. Vielleicht war dies deshalb der Fall, weil er diese Ergebnisse intuitiv als selbstverständlich betrachtete, ohne sich der ungeheuren Schwierigkeiten bewußt zu sein, die erforderlich waren, um diese „Selbstverständlichkeiten" zu echten mathematischen Kenntnissen werden zu lassen. Hadamard war der Formel weit mehr verpflichtet als Poincaré. Deshalb imponierte ihm Hermite, der große Meister der mathematischen Formel und der klassischen Analyse, psychologisch weitaus mehr als Poincaré.

Analoges kann auch von P. L. Čebyšev gesagt werden. Bei all seiner unzweifelhaften mathematischen Genialität zeichnete auch ihn eine gewisse Enge aus: er akzeptierte nur, was ihm vertraut war. Die Mathematik war für ihn klassische Analyse, wenn auch in einem etwas abgewandelten Sinn. Ihm und den von ihm ausgebildeten Mathematikern der Petersburger Schule war bei aller Bedeutsamkeit ihrer Leistungen eine völlige Geringschätzung der geometrischen Intuition eigen. Es ist eine erschütternde Tatsache, daß keiner der großen Vertreter der Petersburger Mathematikerschule – weder Čebyšev, noch Ljapunov, noch Markov – bereit war, Riemann, den vielleicht größten Mathematiker der Mitte des 19. Jahrhunderts und direkten Nachfolger von Gauß, anzuerkennen. Altersunterschiede können hier nicht ins Feld geführt werden. Hier geht es vielmehr um die Gewöhnung an einen bestimmten Ideenkreis, an eine bestimmte Art der mathematischen Intuition, gewissermaßen um eine instinktive Ablehnung ungewohnter Formen des schöpferischen mathematischen Denkens. Am deutlichsten und schärfsten tritt diese ablehnende Haltung bei den Zeitgenossen Lobačevskijs zutage, die ihn und die gesamte nichteuklidische Geometrie rundweg ablehnten; nur Gauß bildete in dieser Beziehung eine Ausnahme. Ostrogradskij, der große Analytiker, der zu Recht ein großes Ansehen genoß, fand das, was Lobačevskij machte, einfach lächerlich.

Das letzte Beispiel scheint noch einigermaßen verständlich zu sein, da hier eine völlig neue Ideenwelt aufgebaut worden war. Aber analoge Beispiele finden sich, wie wir dies an der Petersburger Mathematikerschule gesehen haben, auch dort, wo die neue Ideenwelt gar nicht so absolut neu, sondern lediglich aus der Sicht der Traditionen einer bestimmten Schule einfach ungewohnt ist.

Natürlich war die Ideenwelt Riemanns, gemessen an der Mathematik Hermites und Čebyševs, die reine Analytiker waren, in gewissem Sinne ebenfalls völlig neu. Die Petersburger Mathematiker hatten Riemann fast ebenso kategorisch abgelehnt wie Lobačevskij. Freilich konnte man Lobačevskij einfach absurder Ideen bezichtigen; bei Riemann hingegen war das sehr schwer oder so gut wie unmöglich. Dennoch blieben die Riemannschen Ideen der Petersburger Schule fremd.

Wir sehen, daß es bei der Aufnahme von Entdeckungen eine eigenartige „Verdrängungsreaktion“ eines Talents durch ein anderes gibt.

Ein Mensch, der in eine bestimmte Gedankenwelt vertieft ist, leidet häufig an einer gewissen „Blindheit“ beziehungsweise „Taubheit“ gegenüber allem, was außerhalb seiner Interessen liegt; er nimmt seine äußere Umwelt nicht wahr.

Diese eigenartige „Unvereinbarkeit“ der Talente ist nicht nur in der Wissenschaftsgeschichte, sondern auch in der Musik und in der schöngeistigen Literatur anzutreffen. Es ist allgemein bekannt, daß Brahms und Tschaikowski kein Verständnis für einander aufbringen konnten. Brahms lehte auch andere große zeitgenössische Komponisten wie Wagner und Bruckner ab. Und Tschaikowski erkannte nicht nur Brahms, sondern auch Mussorgski nicht an und verstand sie nicht. Gut bekannt ist das klassische Beispiel der Ablehnung Shakespeares durch Leo Tolstoj. Angesichts der Tatsache, daß sich sowohl in der Kunst als auch in der Wissenschaft die einen Talente gegenüber anderen nicht weniger bedeutsamen Talenten verschließen, scheinen mir die Ursachen dieser Verschlossenheit und Unverträglichkeit vor allem emotional bedingt zu sein. Weder die Spezifik der wissenschaftlichen Erkenntnis noch die der künstlerischen Wahrnehmung kann als Erklärung dienen. Die emotional bedingte Regung, das „außerhalb mir Liegende“ nicht anerkennen zu wollen, ist im gewissen Sinne ein unterbewußter Wunsch, mit seinem eigenen Schaffen ein bestimmtes Tätigkeitsfeld auszufüllen und keinerlei Koexistenz mit irgendetwas anders Geartetem zuzulassen.

Psychologisch gesehen, handelt es sich hier vorwiegend um eine emotional bedingte Erscheinung. Ich würde sie als „Verdrängungsemotion“ bezeichnen: Eine Begabung verdrängt all das, was sich von ihr unterscheidet. Diese Erscheinungen verdienen umfassende spezielle Untersuchungen, die sich nicht allein auf das Gebiet der wissenschaftlichen Tätigkeit beschränken dürfen, sondern auch die Kunst mit einbeziehen müssen.

N. V. Pilipenko

Das Verhältnis von Notwendigkeit und Zufall im wissenschaftlichen Schöpfertum

Im allgemeinsten Sinne verstehen wir unter Schöpfertum eine menschliche Tätigkeit, die auf die Schaffung neuer materieller und geistiger Werte von gesellschaftlicher Bedeutung gerichtet ist.

Es gibt mehrere Arten des Schöpfertums: wissenschaftliches, künstlerisches, technisches und anderes.

Die grundlegende Aufgabe des wissenschaftlichen Schöpfertums besteht darin, durch die Erkenntnis des Einzelnen, Individuellen, der Oberflächenerscheinung der realen Wirklichkeit ihr Allgemeines und Wesentliches aufzudecken, das sich in Begriffen und Kategorien widerspiegelt, in das Innere der Erscheinungen und Gegenstände vorzudringen, ihr Wesen und ihre Entwicklungsgesetze sichtbar zu machen, um den Menschen in die Lage zu versetzen, die natürlichen und gesellschaftlichen Prozesse zu lenken, ihren Verlauf vorherzusagen und ihn in Übereinstimmung mit den gesellschaftlichen Bedürfnissen zu verändern. Die echte schöpferische wissenschaftliche Tätigkeit hilft den Menschen, die Kräfte der Natur und ihre eigenen gesellschaftlichen Verhältnisse zu beherrschen, das Unbekannte zu entdecken, qualitativ Neues, das es in der Natur noch nicht gab, zu schaffen, die Produktivkräfte sowie die materiellen und geistigen Güter der Gesellschaft zu mehren und neue Theorien und Gesetze zu formulieren, um die Wissenschaften zu sich ständig vervollkommnenden Wissenssystemen zu machen, in denen alte Theorien zu allen Zeiten neuen und vollkommeneren weichen.

Im wissenschaftlichen Schöpfertum, in der Wissenschaftsentwicklung und in Entdeckungen spielt das richtige Verständnis des Verhältnisses und der Wechselbeziehung von Notwendigkeit und Zufall eine wesentliche Rolle, da diese beiden Kategorien wie alle anderen Kategorien der materialistischen Dialektik unterschiedliche Funktionen innehaben: ontologische, gnoseologische, logische, methodologische und andere.

Die Kategorien „Notwendigkeit“ und „Zufall“ widerspiegeln bestimmte Seiten, Zusammenhänge und Beziehungen der objektiven

Wirklichkeit und sind in diesem Sinne *ontologische Kategorien.* Als Stufen in der Erkenntnis der objektiven Welt sind es *gnoseologische Kategorien* und als Formen des Wissens, in denen sich der Erkenntnisprozeß realisiert, *logische Kategorien.* Schließlich zeigen sie die Bewegung des Denkens vom Nichtwissen zum Wissen, vom weniger gründlichen Wissen zu gründlicherem an und erfüllen in diesem Sinne eine *methodologische* Funktion.[1] In der Literatur finden sich diametral entgegengesetzte Auffassungen über die Rolle von Notwendigkeit und

[1] Unter Berücksichtigung der verschiedenen Funktionen der Kategorien „Notwendigkeit" und „Zufall" verstehen wir unter Zufall:

a) die Widerspiegelung im Grunde genommen äußerer, nichtwesentlicher, nicht beständiger, einzelner Seiten und Zusammenhänge der objektiven Wirklichkeit;
b) den Anfangs-, den Ausgangspunkt der Erkenntnis von Erscheinungen und Gegenständen der objektiven Wirklichkeit;
c) ein Ding, ein Ereignis oder eine Erscheinung, deren innerer Zusammenhang noch nicht erkannt beziehungsweise aufgedeckt ist;
d) die Art und Weise der Umsetzung einer Möglichkeit in die Wirklichkeit, bei der es für ein bestimmtes Objekt unter den gegebenen Bedingungen mehrere unterschiedliche Möglichkeiten gibt, die zur Wirklichkeit werden können, von denen jedoch nur eine einzige tatsächlich wirklich wird;
e) das Ergebnis der Überschneidung voneinander unabhängiger Kausalketten in endlichen, geschlossenen, das heißt gegenüber äußeren Einwirkungen isolierten Systemen.

Bei detaillierter Betrachtung erweist es sich, daß sämtliche hier angegebenen Bestimmungen des Zufalls durch die Formel von Engels erfaßt werden: Der Zufall ist die Erscheinungsform und die Ergänzung der Notwendigkeit. Absolut zufällige Erscheinungen gibt es nicht.

Unter Notwendigkeit dagegen verstehen wir:

a) die Widerspiegelung vorrangig innerer, wesentlicher, beständiger und sich wiederholender allgemeiner Seiten und Zusammenhänge der Wirklichkeit, ihrer grundlegenden Entwicklungstendenz;
b) den Ausdruck einer bestimmten Stufe des Vordringens der Erkenntnis in die Tiefe der Erscheinungen der Wirklichkeit, auf der ihr Wesen und ihre Gesetze aufgedeckt werden;
c) ein Ding, ein Ereignis oder eine Erscheinung, die in ihren allgemeinen Zusammenhängen bewußt erfaßt sind;
d) die Art und Weise der Umsetzung einer Möglichkeit in die Wirklichkeit, bei der es in dem betreffenden Gegenstand und unter den gegebenen Bedingungen nur eine einzige Möglichkeit gibt, die zur Wirklichkeit wird;
e) die Notwendigkeit setzt sich aus einer Masse von Zufällen zusammen, „entsteht" gewissermaßen aus ihr und bahnt sich durch sie ihren Weg.

Zufall im wissenschaftlichen Schöpfertum und bei wissenschaftlichen Entdeckungen. Die einen Autoren sind der Meinung, daß wissenschaftliche Entdeckungen lediglich das Ergebnis planmäßiger logischer Operationen und Schlüsse seien, also letztlich von Arbeitshypothesen, Ideen, Theorien usw., die zwangsläufig und folgerichtig auseinander hervorgehen.

So nimmt nach W. Whewell die wissenschaftliche Entdeckung ihren Ursprung stets in einer neuen Idee, die sie zu verifizieren trachtet. „Die allgemeine Wahrheit“, so schreibt er, „schließt stets partielle Wahrheiten ein, aus denen sie sich ableitet, und diese partiellen Wahrheiten können wir zurückverfolgen, bis wir sie im Zustande des Einzelnen vor uns haben“ [1, S. 6].

Nach der Theorie der „Kontinuität der Ideen“, die auf P. Duhem zurückgeht [2] und im Grunde genommen auch von H. Butterfield [3], Th. Kuhn [4] und anderen Wissenschaftlern geteilt wird, fängt die Wissenschaft niemals beim Punkte Null an. Alle Wissenschaftler hängen in hohem Maße von ihren Vorgängern ab. Jede neue wissenschaftliche Idee hat unumgänglich ihren Vorläufer. Jede wissenschaftliche Errungenschaft kann zwar modifiziert, aber niemals vollständig verworfen werden. „Wenn der Fortschritt der experimentellen Physik“, so schreibt Duhem, „mit einer Theorie in Konflikt gerät und sie zu modifizieren und zu transformieren zwingt, so geht deren rein deskriptiver Teil fast vollständig in die neue Theorie ein, um ihr als Erbe alles Wesentliche der alten Theorie zu übergeben, während ihr erklärender Teil wegfällt, um einer anderen Erklärung Platz zu machen . . .“.

Aus der Geschichte der Wissenschaft ist jedoch bekannt, daß entgegen der Auffassung Whewells und anderer zahlreichen fundamentalen Entdeckungen keinerlei neue Ideen beziehungsweise Theorien vorausgingen. Im Gegenteil, oftmals haben solche Entdeckungen von sich aus neue Theorien ins Leben gerufen. Und auch die Vorstellungen, die P. Duhem, H. Butterfield, Th. Kuhn und andere über die Kontinuität der Wissenschaftsentwicklung geäußert haben, stehen im Widerspruch zu zahlreichen Fakten der heutigen Wissenschaft, speziell der Entwicklung der Molekulargenetik, der Relativitätstheorie, der Quantenmechanik und anderer Zweige.

Andere Autoren vertreten die Ansicht, daß fast sämtliche wissenschaftliche Entdeckungen die Folge des glücklichen Zusammentreffens von Zufällen und einzig und allein dem individuellen Schöpfertum genialer Wissenschaftler zu verdanken seien. Diese Wissenschaftler stützen sich angeblich auf keinerlei „rationale“ Prinzipien, sondern lediglich auf den „freien“, „nicht determinierten“ Willen mit seinen

„verrückten Ideen“, auf die Vorstellungskraft, die Intuition, den Einfallsreichtum usw.

Francis Bacon war der Meinung, daß die Wissenschaft der Revolution gegen Vorurteile und Aberglauben entspringe und daß innerhalb der Wissenschaft selbst jeder Teilbereich so zuverlässig fundiert sei, daß er nicht ins Wanken gebracht werden könne. Nach Meinung Bacons sind alle Entdeckungen zufällig und gänzlich davon abhängig, welche nicht vorhersehbaren wissenschaftlichen Folgen sie haben.

Akademiemitglied P. I. Valden ging davon aus, daß fast alles Große in Wissenschaft und Technik hauptsächlich dem Zufall zu verdanken sei. So schreibt er die Erfindung des Glases, des Pulvers, die Entdeckung des Archimedischen Gesetzes, des Gesetzes der Erhaltung der Energie, die Auffindung zahlreicher chemischer Elemente und anderes mehr dem Zufall zu [5, S. 54–56].

Louis de Broglie ist der Meinung, daß die „menschliche Wissenschaft, die in ihren Grundlagen und Methoden im wesentlichen rational ist, ihre bedeutsamsten Leistungen nur in gefährlichen, plötzlichen Gedankensprüngen erzielen kann, wenn sich Fähigkeiten entwickeln, die die schweren Fesseln althergebrachter Denkgewohnheiten abstreifen und die wir dann als Vorstellungskraft, Intuition oder Scharfsinn bezeichnen. Genauer gesagt, der Wissenschaftler nimmt eine rationale Analyse vor und geht die Kette seiner Deduktionen Glied um Glied durch. Diese Kette beherrscht ihn bis zu einem bestimmten Moment; dann befreit er sich in einem einzigen Augenblick von ihr, und die neugewonnene Freiheit seiner Vorstellungskraft trägt ihn zu neuen Horizonten“ [6, S. 295].

Etwa die gleichen Ansichten vertritt auch der bedeutende französische Wissenschaftshistoriker R. Taton zur Rolle des Zufalls in der Wissenschaftsentwicklung. In seiner Arbeit „Kausalität und Zufall in der wissenschaftlichen Entdeckung“ untersucht er die Entdeckung der Fuchsschen Funktionen durch Poincaré und schreibt folgendes: „Nach einigen Tagen angestrengter, bewußter, aber offensichtlich fruchtloser Arbeit tritt eine Ruhepause ein, während der der Wissenschaftler nicht an die ihn bewegenden Probleme denkt, sondern sich völlig anderen Dingen hingibt. Doch arbeitet sein Gehirn unabhängig von seinem Willen während dieser Zeit weiter, indem es Ergebnisse, die im Prozeß der bewußten Arbeit unbemerkt geblieben waren, ordnet und analysiert. Das Ergebnis dieser unbewußten Gehirntätigkeit kann die unerwartete Lösung des Problems zu einem Zeitpunkt sein, in dem der Wissenschaftler anscheinend mit Dingen befaßt ist, die nichts mit seinem wissenschaftlichen Schaffen zu tun haben. Dann setzt erneut eine Periode der bewußten Arbeit ein, in der der Wissenschaftler seine Entdeckung prüft, sie formuliert und aus ihr diese oder jene Schlußfolgerungen zieht" [7, S. 510].

In der gleichen Arbeit formuliert Taton in dem Kapitel „Theoretische Wissenschaften" seine Ansichten über die Rolle psychologischer und anderer Zufälle in wissenschaftlichen Entdeckungen noch klarer. „In der ersten, der Vorbereitungsphase, erkennt der Wissenschaftler die Schwierigkeiten, die es zu überwinden gilt, die Analogien, die erklärt werden müssen und die scheinbar oder auch tatsächlich bestehenden Zusammenhänge, die zu deuten sind. Allmählich nehmen bestimmte Leitgedanken konkretere Formen an. Dann – meistens unerwartet – vollzieht sich eine Art Kristallisation. Das Gehirn des Wissenschaftlers macht sich zu einem bestimmten Zeitpunkt mit ungewöhnlicher Schärfe die Grundzüge der neuen Konzeption bewußt. Wie in der Mathematik tritt auch hier der unerwartete Gedanke nicht in einer Periode der bewußten wissenschaftlichen Arbeit zutage, sondern vielmehr in einer Zeit der Erholung und Entspannung, wenn das Gehirn des Wissenschaftlers, wie es scheinen mag, absolut nicht mit der Entdeckung befaßt ist. In dieser Arbeitsphase greift das ethische Gefühl sehr nachhaltig in den schöpferischen Prozeß ein und gibt dem Wissenschaftler die Möglichkeit, die Bedeutung seiner wissenschaftlichen Entdeckung im vorhinein zu erfassen. Die unerwartete glückliche Idee ist aber noch keinesfalls der Abschluß des schöpferischen Prozesses. Jetzt muß der Wissenschaftler die Tragfähigkeit seiner Entdeckung beweisen, aus ihr alle Konsequenzen ziehen, die Hypothesen, die sie ermöglicht, mit den Ergebnissen des Experiments vergleichen, sich mit möglichen Einwänden auseinandersetzen und schließlich die Grenzen seiner Entdeckung bestimmen" [7, S. 26–28].

Natürlich läßt sich nicht leugnen, daß in wissenschaftlichen Entdeckungen sowohl der Vorstellungskraft eine gewisse Rolle zukommt, da sie es möglich macht, einen Teil der Wirklichkeit unmittelbar in anschaulichen Bildern festzuhalten, als auch der Intuition, da sie die Tiefen der Erscheinungen in Natur, Gesellschaft und im geistigen Leben auszuleuchten hilft.

Lenin charakterisierte die Rolle der Phantasie in der wissenschaftlichen Erkenntnis unter Berufung auf Pisarev folgendermaßen: Könnte der Mensch „nicht dann und wann vorauseilen, um in seiner Phantasie als einheitliches und vollendetes Bild das Werk zu erblicken, das eben erst unter seinen Händen zu entstehen beginnt, dann kann ich mir absolut nicht vorstellen, welcher Beweggrund den Menschen zwingen würde, große und anstrengende Arbeiten auf dem Gebiet der

Kunst, der Wissenschaft und des praktischen Lebens in Angriff zu nehmen und zu Ende zu führen . . .“ [8, S. 529–530].

So sind sowohl die Phantasie wie auch die Intuition, beide in vernünftigen Grenzen genutzt, Hilfsmittel der wissenschaftlichen Entdeckung. Selbst „verrückte“ Ideen spielen eine große Rolle in wissenschaftlichen Entdeckungen. Doch sind auch sie aus der Sicht der materialistischen Dialektik, wie Akademiemitglied N. N. Semënov sehr treffend feststellt, „im Grunde genommen stets notwendige, logisch vorbereitete Denkschritte“ [9, S. 62–63].

Unserer Meinung nach sollte man im wissenschaftlichen Schöpfertum und in wissenschaftlichen Entdeckungen die Rolle des Zufalls und der Notwendigkeit nicht einseitig unter- beziehungsweise überbewerten und schon gar nicht beide Kategorien einander gegenüberstellen.

So wie es in der Wirklichkeit keine rein notwendigen beziehungsweise rein zufälligen Ereignisse gibt, kann es auch keine rein notwendigen beziehungsweise rein zufälligen wissenschaftlichen Entdeckungen geben. Selbst solche wissenschaftliche Entdeckungen, die dann zustandekommen, wenn Wissenschaftler auf Gesetzmäßigkeiten in einem Bereich von Erscheinungen stoßen, den sie ursprünglich gar nicht zu untersuchen beabsichtigten und die folglich die Notwendigkeit eines anderen Systems von Erscheinungen repräsentieren beziehungsweise die Folge dessen sind, daß der Gang der wissenschaftlichen Untersuchung durch unvorhergesehene Umstände gestört wurde, die den Wissenschaftler auf einen neuen, erfolgreichen Weg gelenkt haben, sind nicht einzig und allein dem Zufall zu danken. Indes werden in unserer Literatur ähnliche Ereignisse, so die Entdeckung der Röntgen- und radioaktiven Strahlung, der Aufnahme und Wiedergabe der Bewegung im Film und andere häufig als rein zufällige Entdeckungen genannt. Sie sind aber nur scheinbar zufällig; in Wirklichkeit ist jede von ihnen das Ergebnis sowohl zufälliger als auch notwendiger Umstände. Als Röntgen einen mit Bariumplatinzyanür bestrichenen Papierschirm der Crookesschen Röhre näherte, die Kathodenstrahlen aussandte, erstrahlte dieser selbst dann, als der Forscher die Röhre mit schwarzem Papier beziehungweise schwarzem Stoff abdeckte. Daraus zog er den Schluß, daß das Aufleuchten des mit Bariumplatinzyanür bestrichenen Papiers nicht durch Kathodenstrahlen, sondern durch eine neue Art von Strahlung verursacht wurde, die später Röntgenstrahlen genannt wurden.

An dieser Entdeckung ist sicher zufällig, daß Röntgen, der die Kathodenstrahlen mit Hilfe der Crookesschen Röhre untersuchte, auf eine neue Strahlungsart stieß, die er gar nicht gesucht hatte. Zufällig war auch, daß gerade Röntgen und kein anderer diese Strahlen entdeckte, daß diese Entdeckung im Oktober 1895 und nicht früher oder später erfolgte usw. Indes war die Entdeckung der Röntgenstrahlen nicht nur zufällig, sondern zugleich auch notwendig, da zu dieser Zeit bereits zahlreiche andere Physiker mit der Erforschung der Kathodenstrahlen befaßt waren. Da die Röntgenstrahlen mit den Kathodenstrahlen gemeinsam auftreten, war ihre Entdeckung lediglich noch eine Frage der Zeit. Es hätte genügt, daß irgendwer neben einer Crookeschen Röhre verpackte Photoplatten gelagert hätte, um diese Entdeckung zu vollziehen [10, S. 81–86, 11, S. 10].

Ähnlich verhielt es sich auch mit der Entdeckung der Radioaktivität. Als Röntgen die X-Strahlen, wie er sie nannte, entdeckt hatte, begannen sich viele Physiker für die Frage zu interessieren, ob ähnliche Strahlen unter der Einwirkung von Licht nicht auch von phosphoreszierenden Stoffen abgegeben werden. Als Becquerel 1896 mit diesem Ziel Uransalze untersuchte, stieß er auf eine neue unerwartete Erscheinung: Uransalze gaben spontan Strahlen mit ganz besonderen Eigenschaften ab. Später gelang es Marie-Curie-Sklodowska und Pierre Curie, die Natur dieser Strahlen, die sie als radioaktiv bezeichneten, zu ergründen. Das Moment der Zufälligkeit spielte also auch hier eine Rolle. Indes hatten im Verlauf des ganzen 19. Jahrhunderts viele Wissenschaftler Arbeiten durchgeführt, die zur Entdeckung der Radioaktivität hätten führen können und die nichts weiter waren als die zwangsläufige Fortführung der gesamten Entwicklung von Wissenschaft, Technik und Produktion. Ohne die Entdeckung der Röntgenstrahlen, die Gewinnung von Uranerz, die Untersuchung der Phosphoreszenzerscheinungen und der photochemischen Prozesse wäre die Radioaktivität allerdings nicht 1896, sondern wahrscheinlich erst viel später entdeckt worden [12].

Nicht ohne Wechselwirkung zwischen Zufälligem und Notwendigem vollzog sich auch die Entdeckung des Verfahrens zur Aufnahme und Wiedergabe von Bewegungen im Film, also die Entdeckung der Kinematographie.

George Sadoul berichtet in seinem Werk „Histoire générale du Cinéma“ (Allgemeine Geschichte des Kinos) [13, S. 36], daß der englische Physiker Peter Rodget, als er am Problem der Apperzeption der visuellen Wahrnehmung arbeitete, unerwartet durch die Spalten eines dunklen Zaunes ein von der Sonne beleuchtetes, sich drehendes Rad eines vorbeifahrenden Wagens sah. Dabei nahm er auf der Radoberfläche anstelle der sich drehenden Speichen gekrümmte Linien wahr. Die gleiche Erscheinung konnte auch unter Laborbedingungen reproduziert werden. Der Zaun wurde durch ein bewegliches Band aus schwarzem Papier ersetzt, in das in gleichen Abständen Schlitze eingeschnitten waren, das Rad des Wagens hingegen durch eine Kartonscheibe mit Öffnungen, die sich um eine starre Achse drehte. Ähnliche Versuche wiederholte auch der französische Physiker J. Plateau mehrere Male, wonach er die These formulierte: Durch eine Scheibe mit Öffnungen kann man eine Bewegung in eine Reihe unbeweglicher Bilder zerlegen; das aber war das Grundprinzip der kinematographischen Aufnahme. Wie wir sehen, spielten auch bei dieser Entdeckung zufällige Elemente eine Rolle. Doch war andererseits der Entwicklung der Filmkunst durch die Erfolge der Photo- und der chemischen Industrie sowie durch die Entwicklung der physikalischen Wissenschaft der Boden bereitet. Eine nicht unwesentliche Rolle spielten auch solche alten Künste wie das Schattenspiel, die „Laterna magica" und andere.

Aus der Analyse der oben beschriebenen (sowie auch anderer) Entdeckungen ist zu ersehen, daß Zufall und Notwendigkeit miteinander verknüpft sind, einander ergänzen und daß der Anteil des einen und der anderen von Entdeckung zu Entdeckung schwankt. Auch wenn Entdeckungen in diesem oder jenem Gebiet der Wissenschaft und Technik das Ergebnis der Wechselwirkung von Zufall und Notwendigkeit sind, gebührt die entscheidende Rolle dennoch der Notwendigkeit. Die meisten Entdeckungen sind durch die herangereiften Bedürfnisse der wissenschaftlichen, der materiell-technischen und industriellen Entwicklung der Gesellschaft bedingt und beruhen auf den wissenschaftlichen Leistungen von Vorgängern. Die Wissenschaft ist stets Ausdruck ihrer Epoche. Wissenschaftliche Entdeckungen werden besonders dann gemacht, wenn die entsprechenden Bedingungen in Form der wissenschaftlichen Voraussetzungen und der Bedürfnisse der gesellschaftlichen Praxis gegeben sind. Die Gesetze der klassischen Mechanik, die Lehre Pavlovs von den bedingten Reflexen, die Mendelschen Gesetze, die spezielle Relativitätstheorie oder die Quantenmechanik wurden durch alle vorangegangenen Leistungen der Wissenschaft, durch die Entwicklung der Produktion und durch die gesellschaftlichen Verhältnisse vorbereitet.

Newton konnte die Gesetze der Mechanik vor allem dank der großen Entdeckung Galileis formulieren, der die für irdische Verhältnisse gültigen Daten über die dynamische Natur der Bewegung auf die Bewegung der Himmelskörper zu übertragen suchte, um auf diese Weise eine neue Begründung des Kopernikanischen Systems zu liefern. Newton war sich dessen durchaus bewußt; er schrieb: „Ich legte die

Prinzipien dar, die von den Mathematikern angenommen und in zahlreichen Versuchen bestätigt worden waren. Unter Verwendung der ersten beiden Gesetze . . . stellte Galilei fest, daß die Weglänge des freien Falls von Körpern gleich dem Quadrat der Zeit ist“ [14, S. 50–51].

Die Formulierung des allgemeinen Gravitationsgesetzes stammt zwar von Newton, doch war die Idee der Anziehung in dieser oder jener Form bereits vor ihm von verschiedenen Wissenschaftlern ausgesprochen worden. Boulliau und Hooke waren schon vor Newton zu dem Schluß gekommen, daß die Anziehungskraft dem Quadrat der Entfernung zwischen den einander anziehenden Körpern umgekehrt proportional ist. Da man zu jener Zeit aber den Begriff der Masse noch nicht kannte, konnten weder Boulliau noch Hooke das allgemeine Gravitationsgesetz formulieren.

Die Entdeckung der bedingten Reflexe durch I. P. Pavlov war ebenfalls durch die Entwicklung der Wissenschaft und Praxis jener Zeit vorbereitet gewesen. Bereits Descartes und zu Beginn des 19. Jahrhunderts J. Prochaska und Griesinger hatten den Gedanken geäußert, daß das Großhirn nach dem Prinzip der reflektorischen Tätigkeit funktioniere. Bei I. M. Sečenov ist der Gedanke des reflektorischen Ursprungs und der reflektorischen Natur der Gehirntätigkeit beziehungsweise der psychischen Aktivitäten bereits das Leitmotiv seiner bekannten Arbeit „Reflexe des Großhirns“, die 1863 veröffentlicht wurde. In dieser Arbeit hatte Sečenov die Hypothese aufgestellt, daß sämtliche Akte des bewußten und unbewußten Lebens ihrer Herkunft nach Reflexe sind [15, S. 122]. I. P. Pavlov schrieb später über seinen Entschluß, sich mit den Fragen der höheren Nerventätigkeit zu beschäftigen: „Der Hauptanstoß zu diesem Entschluß, obwohl mir das damals selbst nicht voll bewußt war, war der schon lange zurückliegende, noch in meine Jugend fallende Einfluß der sehr begabten Arbeit von Ivan Michajlovič Sečenov, des Nestors der russischen Physiologie, „Die Reflexe des Großhirns“ (1863)“.

Die von Mendel zwischen 1850 und 1860 formulierten Vererbungsgesetze sind heute allgemein anerkannt. Indes wurden auch sie nicht unvermittelt entdeckt. Bereits zwischen 1761 und 1766 waren von J. G. Kölreuter exakte Methoden zur Kreuzung von Pflanzen angegeben worden, und wenig später hatte Th. A. Knight elementare Erbmerkmale der Pflanzen angeben können, hatte H. Sageret die Dominanz, Spaltung und Kombination von Merkmalen in der Nachkommenschaft von Hybriden festgestellt und hatten J. L. Farrar in Österreich, W. Saunders in Kanada und Vilmorin in Frankreich Arbeiten zur Schaffung neuer Weizenhybridsorten geleistet. Mendels

Rolle bei der Entdeckung der Vererbungsgesetze bestand darin, daß er, gestützt auf die angeführten Entdeckungen, erstmalig exakte quantitative Methoden in die Biologie einführte, die auf der Erkenntnis und der Nutzung statistischer Gesetze beruhten, sowie die Hypothese über die Erbfaktoren und die Gametenreinheit aufstellte.

An zahlreichen Fragen, die zur speziellen Relativitätstheorie hinführten, arbeiteten H. Lorentz, H. Poincaré, H. Minkowski und andere Wissenschaftler, obgleich die Priorität ihrer Entdeckung Albert Einstein zukommt. Überlegungen zu Erscheinungen des elektromagnetischen Feldes hatten ihn 1905 zwangsläufig zur Ausarbeitung dieser Theorie veranlaßt, durch die neue Eigenschaften von Raum und Zeit aufgedeckt und Gesetze einer neuen Mechanik schneller Teilchen festgestellt werden konnten. Hätte es Einstein nicht gegeben, so wäre die spezielle Relativitätstheorie von einem anderen Wissenschaftler begründet worden, denn ihre Entdeckung war durch die gesamte Entwicklung der Physik Ende des 19. und Anfang des 20. Jahrhunderts in die Wege geleitet worden.

Die Quanten- und Wellenmechanik, die das Verhalten von Atomen, Elektronen und anderen Mikroteilchen mit Hilfe eines speziellen Gleichungssystems zu beschreiben gestattet, war ebenfalls durch vorangegangene Leistungen auf dem Gebiete der Physik vorbereitet worden.

An der Herausbildung der heutigen Grundideen der Quantenmechanik haben folgende Physiker mitgewirkt: Max Planck, der zur Erklärung des Strahlungsspektrums des schwarzen Körpers die Hypothese aufstellte, daß die Energie des Lichts gequantelt ist, und der in die Physik eine neue Konstante, das nach ihm benannte Wirkungsquantum einführte; Albert Einstein, der sich der von Planck aufgestellten Hypothese bediente, um den photoelektrischen Effekt zu deuten; Niels Bohr, der auf der Grundlage der von Planck entwickelten Idee der Quantelung und des Planckschen Wirkungsquantums eine quantitative Theorie des Linienspektrums des Wasserstoffatoms entwickelte. Bedeutsame Schritte in der Ausarbeitung der modernen Quantentheorie waren auch das von L. de Broglie eingeführte Wellenmodell des Elektrons, die Schrödingersche Wellenmechanik, die Matrizenmechanik, an deren Aufstellung Heisenberg, Born und Jordan beteiligt waren, die relativistische Quantenmechanik und die von Dirac entwickelte Quantentheorie des freien Strahlungsfeldes sowie zahlreiche andere Arbeiten weiterer Wissenschaftler.

Mit dem Gesagten soll natürlich keinesfalls in Abrede gestellt werden, daß bei wissenschaftlichen Entdeckungen auch die persönlichen Eigenschaften der Wissenschaftler, wie Genialität, Talent, Begabung, Bildung, wissenschaftliche Phantasie, Kühnheit, Beharrlichkeit beim Ansteuern eines Zieles, selbstkritische Haltung, Fehlen von Subjektivismus, das Vermögen, die rationellste wissenschaftliche Methode zu wählen, sowie der Wunsch, auf beste Weise den herangereiften Bedürfnissen der gesellschaftlichen Entwicklung gerecht zu werden, usw. eine Rolle spielen.

Wissenschaftliche Entdeckungen werden vor allem dort gemacht, wo die besten objektiven Bedingungen in Form sozialer, ökonomischer und politischer Verhältnisse gegeben sind. Die sozialistische Gesellschaftsordnung schafft diese Voraussetzungen für den Sieg über den Kapitalismus auch auf dem Gebiet des wissenschaftlich-technischen Fortschritts.

Akademiemitglied B. M. Kedrov bemerkt zu Recht über die wissenschaftlichen Entdeckungen: „Der Wissenschaftler meint, daß ihn in seiner persönlichen Tätigkeit auf wissenschaftlichem Gebiet eigene Überlegungen geleitet hätten, während in Wirklichkeit diese in letzter Instanz, wenn auch sehr verschleiert, von den herangereiften Bedürfnissen der gesellschaftlichen und wissenschaftlichen Entwicklung bestimmt wurden“ [16, S. 47].

Wenn eine wissenschaftliche Entdeckung vorzeitig erfolgt, die Bedingungen für ihre Überführung in die Produktion noch nicht gegeben sind und der Bruch, den sie in den wissenschaftlichen Ideen ihrer Zeit bewirkt, noch nicht bewußt geworden ist, so gerät diese Entdeckung wieder in Vergessenheit und übt mitunter keinerlei Einfluß auf die Entwicklung der Produktivkräfte der Gesellschaft und auf deren geistigen Fortschritt aus. So verhielt es sich speziell mit dem von Heron aus Alexandria im 1. Jahrhundert unserer Zeitrechnung entdeckten Prinzip der Umwandlung der Dampfschubkraft in mechanische Arbeit. Beim Vorhandensein einer großen Anzahl von Sklaven – sie waren damals die billigste Arbeitskraft – benötigten die Sklavenhalter die Entdeckung Herons nicht.

Der französische Offizier und Chemiker Claude-Marie François Niepce de Saint-Victor beobachtete fast ein ganzes Jahrzehnt lang – von 1858 bis 1867 – eine der Radioaktivität ähnliche Erscheinung. Er beschrieb Fälle des Photographierens im Dunklen, den Einfluß des Uranilnitrats auf diese Erscheinung, die Absorption der entsprechenden Strahlung durch Glas usw. Da aber diese Entdeckung aus der Sicht der damals herrschenden wissenschaftlichen Konzeption nicht erklärt werden konnte, hat sie bei den Wissenschaftlern auch keine weitere Aufmerksamkeit gefunden.

Es gibt noch andere Beispiele, die zeigen, wie viele Entdeckungen, die ihrer Zeit vorauseilten, im Laufe vieler Jahre vergessen geblieben sind. Es sei nur noch auf die Mendelschen Vererbungsgesetze verwiesen. In verallgemeinerter Form können sie wie folgt formuliert werden:

1. In den Hybriden der ersten Generation herrscht eines der Elternmerkmale, entweder ein väterliches oder ein mütterliches, vor (Uniformitätsregel).

2. Die Individuen der zweiten Generation spalten sich im wesentlichen in zwei, den Elternanlagen ähnliche Gruppen, und zwar mit einem bestimmten und keinesfalls ungeordneten quantitativen Übergewicht einer der Gruppen (im Verhältnis 3 : 1) (Spaltungsregel).

3. Da die Merkmale eines Organismus durch jeden einzelnen Erbfaktor (in der heutigen Terminologie durch jedes einzelne Gen) bedingt sind, erfolgt ihre Vererbung unabhängig voneinander durch zufällige Kombination der Faktoren in den elterlichen Gameten, so daß in der Nachkommenschaft die reinen Ausgangsformen wieder auftreten können (Unabhängigkeitsregel).

Die Entdeckung dieser Gesetze wurde von den Zeitgenossen Mendels nicht verstanden, da ihr Inhalt den damaligen Vorstellungen von der Veränderung pflanzlicher Organismen widersprach. Erst mit Beginn des 20. Jahrhunderts gewann die Entdeckung Mendels allgemeine Anerkennung, als de Vries in Holland, Correns in Deutschland und Čermak in Österreich sie völlig unabhängig voneinander experimentell bestätigen konnten.

Heute sind die Mendelschen Gesetze die Grundlage unserer Kenntnisse über die Vererbbarkeit und zugleich das Leitprinzip der praktischen Selektion, besonders von Pflanzen.

Weitere interessante Materialien über „vorzeitige Entdeckungen" führt N. I. Rodnyj in seiner Arbeit „Zum Problem der wissenschaftlichen Entdeckungen" [17] an.

Indes darf in der Entwicklung der Wissenschaft und im schöpferischen Prozeß des einzelnen Wissenschaftlers der Zufall, der übrigens auch hier Erscheinungsform und Ergänzung der Notwendigkeit ist, nicht unterschätzt werden. Trifft der Wissenschaftler auf Zufälle, so darf er sie keinesfalls ignorieren, sondern muß bestrebt sein, die dahinter verborgene Notwendigkeit sowie die Gesetze, die die Zufälle regieren, zu entdecken.

Engels schreibt, daß die menschliche Erkenntnis vom Zufälligen zum Notwendigen voranschreiten und das Zufällige aus dem Notwendigen erklären müsse, um es auf die Ebene des Notwendigen emporzuheben [18, S. 488–489].

Die wissenschaftliche Erkenntnis beginnt stets mit der Erkenntnis des Zufälligen. Der Bewegung der Erkenntnis von der Erscheinung zum Wesen entspricht die analoge Bewegung von der Beobachtung und Untersuchung des Zufälligen zur Erkenntnis des Notwendigen, das sich hinter dem Zufälligen verbirgt wie das Wesen hinter der Erscheinung. Der Übergang der Erkenntnis von der empirischen zur theoretischen Stufe ist nichts anderes als der Übergang von der Erkenntnis des Zufälligen zur Erkenntnis des Notwendigen. Die Empirie der Beobachtung allein kann, wie Engels sagt, nie die Notwendigkeit genügend beweisen, obgleich sie ein wichtiges Glied im Prozeß ihrer Erkenntnis ist [18, S. 497]. Nur die theoretische Erkenntnis kann, wie Lenin vermerkt, das Objekt in seiner Notwendigkeit, in seinen allseitigen Beziehungen und in seiner widerspruchsvollen Bewegung, an und für sich geben [19, S. 202], also so, wie es in Wirklichkeit ist.

In verschiedenen Gebieten der Wissenschaft, Technik und Produktion, in denen wir es mit Massenerscheinungen, mit Gesamtheiten und Ensembles von Erscheinungen zu tun haben, auf die eine Vielzahl von Faktoren einwirken, die den Ergebnissen, die aus Experimenten und Messungen unter sonst gleichen Bedingungen gewonnen wurden, eine gewisse Streubreite verleihen, kommt man ohne die Untersuchung der Zufallserscheinungen und ohne die Anwendung statistischer Methoden nicht aus. Sie allein bieten die Möglichkeit, über die Erfassung zufälliger Ergebnisse und deren quantitativer Relationen die dahinter verborgene komplizierte Notwendigkeit in Form einer statistischen Gesetzmäßigkeit aufzudecken. Das gilt sowohl für die Steuerung und Leitung automatisierter Produktionsprozesse als auch für die chemische Kinetik, für die Wechselbeziehungen zwischen den Organismen und ihren Daseinsbedingungen usw. Für die Untersuchung von Massenerscheinungen des gesellschaftlichen Lebens, auch wenn sie sich von Naturerscheinungen erheblich unterscheiden, gilt ebenfalls, daß sich bei hinreichend großer Anzahl von Beobachtungen die historische Notwendigkeit im wahrnehmbaren Chaos von Zufälligkeiten offenbart und daß das innere Gesetz, das, wie Marx sagt, in diesen Zufällen sich durchsetzt und sie reguliert, nur sichtbar wird, sobald diese Zufälle in großen Massen zusammengefaßt werden [20, S. 89–90]. Dieses allgemeine Prinzip ist als Gesetz der großen Zahl bekannt.

Es ist sicherlich keine Übertreibung zu sagen, daß sich in allen statistischen Systemen und Prozessen die Notwendigkeit in Form der statistischen Gesetzmäßigkeit stets über ein Chaos von Zufälligkeiten durchsetzt, die die Wissenschaft untersuchen und deren Ursachen sie aufdecken muß.

Der Einfluß des Zufalls auf den wissenschaftlichen Schaffensprozeß ist um so größer, je weniger sich der Wissenschaftler in seiner Tätigkeit auf bereits von der Praxis bestätigte wissenschaftliche Hypothesen, Ideen, Theorien oder Gesetze stützen kann, je mehr er also seine Untersuchungen in eine Richtung lenkt, die bisher nur wenig erforscht ist, und je entschiedener er die Grenzen traditioneller Vorstellungen überschreitet. Beispiele hierfür sind die Entdeckung der Ringstruktur des Benzolmoleküls durch Kekulé, das Rutherfordsche Planetenmodell des Atoms, die neue Integraldarstellung der Quantenmechanik durch R. Feynman [21, S. 208–218] oder die Entdeckung sogenannter Grenzerscheinungen in der chemischen Kinetik und die Einführung des Begriffes der verzweigten Kettenreaktion durch die Akademiemitglieder N. N. Semënov, J. B. Chariton, V. N. Kondrat'ev sowie die korresp. Mitglieder der Akademie A. A. Kovalskij und A. I. Šal'nikov in den Jahren 1925–1928.

Natürlich gibt es auch in allen wissenschaftlichen Entdeckungen, die zufälligen Analogien und Assoziationen zu verdanken sind, Elemente des Notwendigen. Solche Analogien und Assoziationen entstehen, wenn zwei voneinander unabhängige kausale Ereignisketten – anstatt sich zu überschneiden – koinzidieren. Akademiemitglied B. M. Kedrov nimmt berechtigt an, daß „die zufällige Assoziation selbst zu einem notwendigen Moment der Lösung der jeweiligen wissenschaftlichen oder technischen Aufgabe wird, da sie dazu beiträgt, jene Barriere zu überwinden, die die gesuchte Lösung verbirgt und bei ihrer Auffindung behindert" [16, S. 100].

Zufälle fließen in die Wissenschaft auch durch bestimmte Nebenumstände ein. Wir meinen damit die Denkgewohnheiten des Wissenschaftlers, den Stand und das Niveau der materiell-technischen Basis für die durchzuführenden wissenschaftlichen Experimente, die Wahl des Forschungsgegenstandes, die Beweggründe, die den Wissenschaftler veranlassen, sich mit dieser oder jener Frage zu beschäftigen usw. Das Zufallsmoment im wissenschaftlichen Schöpfertum und in wissenschaftlichen Entdeckungen wird eingeengt, wenn sich der Wissenschaftler in seiner Tätigkeit auf bekannte Gesetze, auf durch die Praxis bestätigte Theorien und Ideen stützen kann. Das bezeugen die Entdeckungen neuer chemischer Elemente auf der Grundlage des Mendeleevschen Periodensystems, die Entdeckung neuer organischer Stoffe auf der Grundlage der Theorie von A. M. Butlerov, die Schaffung der Atombombe auf der Grundlage der Kernreaktion und der Theorie der verzweigten Kettenreaktionen usw.

Das Moment des Zufälligen in wissenschaftlichen Entdeckungen kann auch dann um ein Vielfaches reduziert werden, wenn die Bearbeitung der betreffenden wissenschaftlichen Probleme kollektiv erfolgt, die Untersuchung also komplex und allseitig erfolgen kann, wenn Methoden aus angrenzenden Disziplinen verwendet werden, wenn moderne Ausrüstungen (Geräte und Apparate) zur Verfügung stehen usw.

Im Zusammenhang mit der Klärung der Rolle des Zufalls im wissenschaftlichen Schöpfertum erhebt sich die Frage, ob die These „Die Wissenschaft ist der Feind des Zufalls" [22, S. 431] berechtigt ist. Wird unter dem Zufall im Sinne des dialektischen Materialismus die Ergänzung und Erscheinungsform der Notwendigkeit verstanden, so ist diese These antiwissenschaftlich und entbehrt des gesunden Menschenverstandes; denn die Wissenschaft muß hinter den Zufällen die Notwendigkeit erkennen. Niemand wird behaupten wollen, das Äußere, die Erscheinung, das Einzelne sei der Wissenschaft feindlich, obgleich die Wissenschaft hinter ihnen das Wesen, das Innere, das Allgemeine aufdeckt. Aus eben diesem Grunde kann auch der Zufall nicht der Feind der Wissenschaft sein, denn er existiert objektiv und wirkt auf den Verlauf der Prozesse ein. Die Wissenschaft darf den Zufall nicht ignorieren, sondern muß ihn erforschen, um unerwünschte Zufälle vorhersehen und abwenden beziehungsweise in ihrer Wirkung einschränken zu können und günstige Zufälle im Interesse des Menschen nutzen zu können.

Die Einschränkung der negativen Wirkungen von Wetterzufälligkeiten auf die Entwicklung der landwirtschaftlichen Produktion hängt zum Beispiel in erster Linie von der technischen Neuausrüstung der Kolchosen und Sowchosen ab, von der Durchführung von Meliorationsarbeiten, der Chemisierung, der Hebung der Kultur des Ackerbaus, der Kaderausbildung, der Erhöhung des Verantwortungsbewußtseins usw.

Infolge einer Reihe von Ursachen, wie dem Personenkult, dem Subjektivismus in der Biologie, der unkritischen Einstellung zu wissenschaftlichen Autoritäten und anderen, galt bis zum Oktoberplenum (1964) des ZK der KPdSU die These „Die Wissenschaft ist der Feind des Zufalls" als allgemeinmethodologisches und für alle Wissenschaften verbindliches Prinzip. Dabei wurde die irrige Behauptung aufgestellt, daß die Physik und Chemie angeblich dank dessen zu exakten Wissenschaften geworden seien, weil sie sich früher als die anderen Wissenschaften vom Zufall freigemacht hätten. Die Biologie und die anderen Wissenschaften hingegen müßten, wenn sie exakte Wissenschaften werden wollen, ebenfalls den Zufall überwinden und ihn zu ihrem Feind erklären. Diese These orientierte die Wissenschaftler im Grunde genommen darauf, die Notwendigkeit als reine, bloße Notwendigkeit aufzufassen, die keinen Zusammenhang mit dem Zufall kennt, so daß statistischen Untersuchungsmethoden der Eingang in die Biologie und in zahlreiche andere Disziplinen verwehrt war.

Mitunter wird die These „Die Wissenschaft ist der Feind des Zufalls" auf scheinbare Zufälle bezogen. Häufig werden den Zufällen Erscheinungen zugeordnet, deren Notwendigkeit der Wissenschaft noch nicht bekannt ist, die also aus der Sicht der bestehenden Vorstellungen noch nicht erklärt sind. Hier haben wir es mit Zufällen im Sinne von Willkürlichkeiten oder auch Fehlern der wissenschaftlichen Erkenntnis zu tun, die nur scheinbar zufällig sind. Aber selbst auf diese Art von Schwierigkeiten, die in der Entwicklung der Wissenschaft natürlich auftreten können, ist die oben zitierte These nicht anwendbar. Die Wissenschaft muß den Zufall nur in einem einzigen Sinne aus ihrem Bereich verbannen, wenn darunter nämlich das Akausale, das Nichtgesetzmäßige verstanden werden soll, wenn also der wissenschaftliche Begriff des Zufalls durch einen indeterministischen, unwissenschaftlichen Begriff ersetzt werden soll. An einer solchen Auffassung vom Zufälligen halten in den kapitalistischen Ländern verschiedene Richtungen des objektiven und subjektiven Idealismus und unter ihrem Einfluß auch verschiedene Wissenschaftler unterschiedlicher Disziplinen fest. Die wahre Wissenschaft muß den Kampf gegen diese unwissenschaftlichen Auffassungen vom Zufall aufnehmen und sie aus ihrem Bereich verbannen. So war es im 19. Jahrhundert, als das Gesetz der Erhaltung und Umwandlung der Energie entdeckt wurde und aus der Physik verschiedene „Kräfte" und „Stoffe" verbannt wurden, die von vielen als „zufällig" aufgefaßt worden waren. Vor Robert Mayer waren viele Physiker der Meinung, daß alle noch nicht erklärbaren Erscheinungen erklärt werden können, wenn man ihnen eine Schwerkraft, Schwebekraft, elektrische Kraft, Kontaktkraft usw. oder aber, falls dieses sich als nicht möglich erweist, einen unbekannten Lichtstoff, Wärmestoff, elektrischen Stoff usw. unterschiebt. Dank der Entdeckung der Erhaltung und Umwandlung der Energie waren, wie F. Engels sagte, „die besonderen physikalischen Kräfte, sozusagen die unveränderlichen „Arten" der Physik, in verschieden differenzierte und nach bestimmten Gesetzen ineinander übergehende Bewegungsformen der Materie aufgelöst. Die Zufälligkeit des Bestehens von soundso viel physikalischen Kräften war aus der Wissenschaft beseitigt, indem ihre Zusammenhänge und Übergänge nachgewiesen" [18, S. 318].

In einem analogen Sinne kann man auch von der Verbannung des Zufalls in seiner unwissenschaftlichen Auffassung aus der Chemie sprechen, als Mendeleev das Periodensystem entdeckte. Vor dessen

Entdeckung wurde behauptet, die Anzahl der in der Natur vorkommenden Elemente sei „zufällig".

Gegenwärtig bemüht sich eine Reihe bürgerlicher Ideologen, die von ihren klassenbedingten Auffassungen ausgehen, zu beweisen, daß es angeblich keine objektive Kausalität, Notwendigkeit und Gesetzmäßigkeit in Natur und Gesellschaft gäbe; ihr Bestreben geht dahin, die Notwendigkeit durch den idealistisch interpretierten Zufall zu ersetzen. Die These „Die Wissenschaft ist der Feind des Zufalls" muß also verworfen werden, da sie nichts Positives enthält.

Literatur

[1] Whewell, W., History of the inductive sciences, London 1837; zitiert nach: ders., Istorija induktivnych nauk ot drevnejšego i do nastojaščego vremeni, Bd. I, St. Petersburg 1867

[2] Duhem, P., La théorie physique. Son objet et sa structure, Paris 1906; zitiert nach: ders., Fizičeskaja teorija. Eë celii stroenie, St. Petersburg 1910

[3] Butterfield, H., The origine of modern science, London 1957

[4] Kuhn, Th., The structure of scientific revolution, Chicago – London 1962

[5] Valden, P. I., Nauka i žizn', Bd. I, Petrograd 1922

[6] Broglie, L. de, Sur les sentiers de la science, Paris 1960, zitiert nach: ders., Po tropam nauki, Moskau 1962

[7] Taton, R., Causalités et accidents de la decouverte scientifique, Paris 1955

[8] Lenin, W. I., Was tun? in: Werke, Band 5, Berlin 1955

[9] Semënov, N. N., Marksistsko-leninskaja filosofija i voprosy estestvoznanija, in: Kommunist 1968, Nr. 10

[10] Karpov, M., Osnovnye zakonomernosti razvitija estestvoznanija, Rostov 1965

[11] Glebov, R., Slučajnoe otkrytije, in: Nauka i žizn' 1965, Nr. 10

[12] Vernadskij, V. I., Zadača dnja v oblasti radija, in: Očerki i reči, Moskau 1922

[13] Sadoul, G., Histoire générale du Cinéma, Paris 1948 ff.; zitiert nach: ders., Vseobščaja istorija kino, Bd. I, Moskau 1958

[14] Newton, I., Philosophiae naturalis principia mathematica, London 1687; zitiert nach: ders., Matematičeskie načala natural'noj filosofii, Sobranie trudov, Bd. VII

[15] Sečenov, I. M., Refleksy golovnogo mozga, Moskau 1926

[16] Kedrov, B., Zur Theorie der wissenschaftlichen Entdeckung, in: Wissenschaftliches Schöpfertum, Berlin 1972

[17] Rodnyj, N. I., Zum Problem der wissenschaftlichen Entdeckungen, in: Wissenschaftliches Schöpfertum, Berlin 1972
[18] Engels, F., Dialektik der Natur, in: MEW, Band 20, Berlin 1964
[19] Lenin, W. I., Philosophische Hefte, in: Werke, Band 38, Berlin 1971
[20] Marx, K., Das Kapital, Band III, in: MEW, Band 25, Berlin 1968
[21] Feynman, R., Charakter fizičeskich zakonov, Moskau 1968
[22] Die Situation in der biologischen Wissenschaft, Stenografischer Bericht von der W. I. Lenin-Akademie der Landwirtschaftswissenschaften der Sowjetunion vom 31. Juli bis 7. 8. 1948, 2. Beiheft zur Sowjetwissenschaft, Berlin 1949

V. N. Sojfer

Zu den allgemeinen Bedingungen der rechtzeitigen Bewertung wissenschaftlicher Entdeckungen

Wo liegen die Quellen für die rasche oder zumindest rechtzeitige Anerkennung von Entdeckungen? Gibt es objektive Gesetzmäßigkeiten, die nicht an stochastische, zufällige Ursachen gebunden sind? Sind wir in der Lage, diese Gesetzmäßigkeiten zu erkennen und sie in den Dienst der Wissenschaft zu stellen, also den wissenschaftlichen Fortschritt zu beschleunigen und die Wissenschaftsorganisation so zu gestalten, daß alle wirklich bedeutenden wissenschaftlichen Leistungen rasch erkannt und der praktischen Nutzung zugeführt werden?

Bevor wir diese Frage untersuchen, müssen wir definieren, was eine wirklich bedeutende wissenschaftliche Errungenschaft ist, wie das Maß für eine rasche oder zumindest rechtzeitige Nutzung wissenschaftlicher Entdeckungen zu bestimmen ist und mit welcher Strenge der wissenschaftliche Fortschritt bewertet werden muß. In einem kurzen Aufsatz lassen sich diese Begriffe natürlich nicht exakt definieren; wir werden deshalb auf die von S. R. Mikulinskij und M. G. Jaroševskij im vorliegenden Band gegebenen Definitionen dieser Begriffe zurückgreifen. Unter einer wirklich bedeutenden wissenschaftlichen Entdeckung werden wir eine solche wissenschaftliche Errungenschaft verstehen, die einen neuen, bislang nicht bekannten experimentellen Fakt oder eine theoretische Überlegung darstellt, die eine Reihe bisher unerklärbarer Beobachtungsresultate zu verstehen und neue Forschungen einzuleiten gestattet. Der wissenschaftliche Fortschritt auf einem bestimmten Wissensgebiet ist dann gegeben, wenn sich dieses Gebiet so entwickelt, daß die zu einem bestimmten Zeitpunkt vorhandenen wissenschaftlichen Errungenschaften in einer optimalen Menge für die Aufdeckung neuer Gesetzmäßigkeiten genutzt werden.

Daraus folgt, daß der wissenschaftliche Fortschritt ohne neue bedeutende wissenschaftliche Errungenschaften und ihre rechtzeitige Nutzung undenkbar ist. Jedermann weiß indessen, daß die Anerkennung wissenschaftlicher Entdeckungen oft nicht von der Bedeutung dieser Entdeckungen und von den zum betreffenden Zeitpunkt vor der Wissenschaft stehenden Aufgaben abhängt.

In der Biologie, speziell in der Genetik, scheinen derartige Beispiele Schule zu machen.

Die Genetik begann sich als spezielle Wissenschaft seit etwa 1900 rasch zu entwickeln. Das war die Zeit, als die Gesetze der Spaltung, der Dominanz und der Uniformität, die von Mendel bereits 35 Jahre zuvor entdeckt worden waren, breit popularisiert wurden. Mathematische Strenge, logische Einfachheit und leichte Anwendbarkeit brachten diesen Gesetzen eine derart rasche Verbreitung, daß buchstäblich bereits im ersten Jahrzehnt nach ihrer Wiederentdeckung eine neue Wissenschaft ins Leben gerufen wurde, die den Namen „Mendelismus“ erhielt.

Ein anderes Beispiel. In den fünfziger Jahren des 20. Jahrhunderts wurde eine weitere bedeutende Entdeckung auf dem Gebiet der Genetik gemacht. 1953 stellten J. D. Watson und F. H. C. Crick die These von der molekularen Organisation der Desoxyribonukleinsäure (DNS) auf. Diese Entdeckung wurde von der wissenschaftlichen Welt außerordentlich rasch aufgegriffen. In einer großen Anzahl rasch aufeinander folgender Untersuchungen erhielt sie ihre vollständige Bestätigung und wurde zum Ausgangspunkt für die Begründung einer neuen Disziplin innerhalb der Vererbungslehre: der Molekulargenetik. Gemeinsam mit den Arbeiten Th. G. Morgans über die Mechanismen des Genaustausches beim Crossing over wurden beide Entdeckungen zu Eckpfeilern für die gesamte Entwicklung der genetischen Forschung.

Obwohl beiden Entdeckungen – den Mendelschen Gesetzen und der Organisation der DNS – die nötige Anerkennung nicht versagt blieb, kann dasselbe nicht auch von ihren Schöpfern gesagt werden: Watson und Crick erhielten den Nobelpreis und wurden weltweit anerkannte Wissenschaftler. Mendel hingegen starb als Unbekannter, ohne auch nur das geringste Lob für sein Werk empfangen zu haben. Außerdem haben sich beide Entdeckungen mit recht unterschiedlichem Tempo in der Wissenschaft durchgesetzt. Die erste Entdeckung war 35 Jahre lang unbekannt geblieben, obwohl keinerlei bedeutende technische Vorrichtungen oder große materielle Aufwendungen für ihre Bestätigung und breite Anwendung erforderlich waren; die zweite hatte sich dagegen, ungeachtet der prinzipiellen Schwierigkeiten ihres Beweises und der dafür erforderlichen komplizierten technischen Einrichtungen, buchstäblich über Nacht durchgesetzt.

Wie konnte es geschehen, daß bis zur Anerkennung der ersten Entdeckung 35 Jahre verstrichen, die zweite hingegen sofort in das Arsenal der Genetik aufgenommen wurde?

Um die Ursachen wenigstens einigermaßen erklären zu können, wollen wir die historische Situation in der Wissenschaft dieser beiden Perioden beleuchten.

Das Problem, mit dem sich Mendel beschäftigte, nämlich die komplizierten Merkmalskombinationen zu enträtseln, mit denen man es bei natürlichen Kreuzungen und in der Selektionspraxis zu tun hat, interessierte die Wissenschaft bereits seit der Mitte des 19. Jahrhunderts. Eine Reihe bedeutender Forscher des 18. und 19. Jahrhunderts hatte bereits versucht, seiner Lösung näherzukommen. Kölreuter, Knight, Sageret und Naudin hatten versucht, dem Problem der Merkmalkombination auf die Spur zu kommen, vermochten aber bis auf einige im großen und ganzen richtige Vermutungen nichts Wesentliches zu erreichen. Dies zeigt, daß die Mendelsche Problemstellung durchaus den Forderungen der Zeit entsprach.

Abgesehen von einem allgemeinen Verständnis für die Wichtigkeit der Lösung des Problems, gab es in der Mitte des 19. Jahrhunderts jedoch keinerlei wissenschaftlich begründete Anhaltspunkte für wirklich gangbare Lösungswege.

Die Auseinandersetzungen zwischen den Animalkulisten und den Ovisten waren noch nicht zur Ruhe gekommen. Noch immer ereiferte man sich darüber, ob die männlichen Spermatozoen oder die weiblichen Eizellen das Wichtigste bei der Befruchtung seien. Es gab noch keinen strengen Beweis dafür, daß die bei Kreuzungen vererbten Merkmale mit Strukturen in den Zellkernen zusammenhängen. Ja es war noch nicht einmal der Begriff des Erbmerkmals und seines bestimmenden Faktors formuliert. Auch die Träger der Erbanlagen, die Chromosomen, waren noch nicht entdeckt. All das läßt insgesamt darauf schließen, daß die wissenschaftliche Öffentlichkeit jener Zeit nicht im erforderlichen Maße auf die Aufnahme der Mendelschen Entdeckung vorbereitet war. Auf dem Hintergrund dieser wissenschaftlichen Auffassungen, die im großen und ganzen noch nicht zum Verständnis der Gesetzmäßigkeiten vorstießen, nach denen sich die Merkmale bei Kreuzungen vererben, gab es allerdings auch vereinzelte Ansätze zu Untersuchungen, die ihrer Zeit weit vorauseilten. Charles Darwin begründete zu jener Zeit seine Lehre von der Evolution und der natürlichen Auslese als deren Triebkraft. Darwin war wie kein anderer dazu berufen, die Mendelschen Ideen aufzugreifen und die erbrachten Beweise zu würdigen. Gerade zu jener Zeit wurde die Darwinsche Lehre durch den Ingenieur und Physiker F. Jenkin der Kritik unterzogen, der Darwin wegen mangelnder Kenntnisse über den Mechanismus der Weitergabe von Erbmerkmalen nichts entgegenzusetzen hatte. Dabei hätten die Mendelschen Gesetze von der Nichtabschwächung der Erbmerkmale sowie die Uniformitätsregel die Behauptungen Jenkins widerlegen können. Aber wie es das Schicksal will, kannte Darwin die Mendelschen Arbeiten nicht einmal und konnte sich daher gegen Jenkins nicht zur Wehr setzen.

Zur gleichen Zeit arbeitete auch A. Weismann an seiner Vererbungstheorie, und die Mendelschen Gesetze hätten ihm sicherlich helfen können, den rein spekulativen Charakter seiner Hypothesen zu überwinden und sich auf die exakten Daten der Mendelschen Experimente zu stützen. Aber auch Weismann kannte die Ergebnisse der Mendelschen Arbeiten nicht.

So vergingen Jahre. Ende der neunziger Jahre nahm die Wissenschaft vom Zellaufbau, die Zytologie, einen raschen Aufschwung; der Mechanismus der Zellteilung wurde entdeckt und das Verhalten der Chromosomen dabei, die sogenannte Mitose; bald darauf wurden auch die Gesetze der Reduktionsteilung gefunden, die der Bildung der Geschlechtszellen und der Befruchtung vorausgeht. Der nächste Schritt waren die klassischen Untersuchungen zur Embryogenese, die den Boden für die Klärung der Entwicklungsgesetzmäßigkeiten der Organismen bereiteten. Die Zytologen verhalfen somit den Gesetzmäßigkeiten, denen die Kreuzung von Organismen mit unterschiedlichen Erbanlagen unterliegt, zur Anerkennung. Unter diesen Bedingungen führte die Wiederentdeckung der Mendelschen Gesetze durch de Vries, Correns und Čermak sowohl zu ihrer breiten Anerkennung als auch zu ihrer Erklärung aus der Sicht zytologischer Untersuchungen.

Mendel hat das mathematische Gesetz entdeckt, nach dem das Verhalten von Merkmalen bei Kreuzung beschrieben werden kann; er hat das Vorhandensein von Erbfaktoren, die für das Auftreten dieser Merkmale verantwortlich sind, vorhergesagt und gezeigt, daß diese Faktoren in den Geschlechtszellen, den Gameten, konzentriert sind und in ihrer Erscheinung nicht von anderen Faktoren abhängen. Es war dies eine wissenschaftliche Leistung, die ihrer Zeit weit vorauseilte. Das ist unseres Erachtens auch die objektive Ursache dafür, daß den Mendelschen Gesetzen die Anerkennung solange versagt blieb und daß sie im ersten Jahrzehnt des 20. Jahrhunderts eine derart stürmische Anwendung fanden.

Ganz anders verhielt es sich mit der Entdeckung von Watson und Crick. Sie war die Krönung einer langen, fast ein ganzes Jahrhundert umspannenden Kette von Untersuchungen. Mitte der sechziger Jahre des vorigen Jahrhunderts hatte Friedrich Mischer die DNS entdeckt und festgestellt, daß sie nur im Zellkern vorkommt. Seit dieser Zeit hat man immer wieder versucht, ihre Struktur, Zusammensetzung und

Rolle im Leben der Zelle zu enträtseln. Die ersten Hypothesen, die zu Beginn dieser Untersuchungen formuliert wurden, besagten nichts weiter, als daß diese Säure ein ewichtige Rolle im Leben der Zelle spiele müsse, da sie nur im Kern vorkommt und der Kern die Erbpotenzen des Organismus bestimmt. Zu Beginn des 20. Jahrhunderts wurden die Grundbausteine der DNS entdeckt, und Anfang der dreißiger Jahre waren sämtliche Komponenten bekannt. Doch nach wie vor herrschte Unklarheit über die eigentliche Rolle dieser Säure, und einige bedeutende Wissenschaftler, unter ihnen N. K. Kol'cov, P. Levin und andere, äußerten sogar die Vermutung, daß die DNS keine Rolle bei der Weitergabe von Erbmerkmalen spiele. Allerdings kam es in der Mitte der vierziger Jahre zu den ersten Beweisen, daß der DNS bei der Aufzeichnung der Erbinformation zweifellos eine Rolle zukommt, und Mitteilungen dieser Art begannen sich zu Beginn der fünfziger Jahre zu häufen. Dennoch sah die Mehrheit der Biologen und Chemiker in der DNS immer noch keine wichtigen Zellmoleküle; sie waren vielmehr der Meinung, daß für die Aufrechterhaltung der Lebenstätigkeit und für die Weitergabe der Erbmerkmale grundlegende Bedeutung den Eiweißen zukomme. Obwohl reiches Faktenmaterial über die chemische Struktur der DNS vorlag und mit verschiedenen physikalischen Forschungsmethoden, einschließlich der Röntgenstrukturanalyse, grundlegende Arbeiten zur Untersuchung der physikalisch-chemischen Struktur der DNS durchgeführt worden waren, gab es keine zusammenfassende Synthese dieser Ergebnisse. In ihrem kurzen Artikel verallgemeinerten Watson und Crick nicht nur die grundlegenden Daten über die Struktur der DNS, sondern gingen noch einen Schritt weiter und beschrieben ihre biologische Rolle: Sie sahen in ihr den Träger der genetischen Information (Erbinformation) und untersuchten, wie diese Information in der DNS kodiert ist und dort bei der Molekülreproduktion bewahrt wird.

Namentlich dieser Besonderheit ihrer Arbeit, der Zusammenfassung der vorhandenen Daten und dem Abschluß einer fast ein ganzes Jahrhundert währenden Kette von Untersuchungen, war die ungewöhnlich rasche Anerkennung ihrer Hypothese und die sich unmittelbar anschließende Ausarbeitung einer geschlossenen Theorie zu verdanken. Es sei darauf hingewiesen, daß die Leistung Mendels auf den Ergebnissen eigener wohldurchdachter Experimente beruhte, die Leistung Watsons und Cricks hingegen im Grunde genommen auf Ergebnissen anderer Autoren, in die sie ihre eigene Idee einbetteten, und auf nicht allzu umfassenden Experimenten mit Hilfe der Röntgenstrukturanalyse, durch die sie die Sekundärstruktur der DNS bestimmen konnten.

Wir sehen also, daß die beiden grundlegenden Entdeckungen, die jeweils zu einer Umwälzung in der Genetik führten, ein völlig verschiedenes Schicksal hatten. Die Analyse beider Entdeckungen und ihrer Anerkennung führt uns zu dem Schluß, daß für die Aufnahme und Anerkennung einer neuen Idee drei grundlegende Bedingungen erfüllt sein müssen:

1. Das wissenschaftliche Denken muß für die Aufnahme der neuen Idee vorbereitet sein. Es muß eine bedeutende Anzahl von Fakten, die mit dem Thema der Entdeckung im Zusammenhang stehen, akkumuliert sein.

2. Neue Forschungsergebnisse müssen im hohen Maße den Aufgaben entgegenkommen, die in einer Reihe vorangegangener Arbeiten gestellt wurden. Wir können diese Bedingung als Kommensurabilität der neuen Idee und des zu verzeichnenden wissenschaftlichen Fortschritts bezeichnen.

3. Es müssen hinreichende Informationsmittel zur Verfügung stehen, um die wissenschaftliche Öffentlichkeit auf breiter Ebene mit den neuen Forschungsergebnissen bekanntmachen zu können.

Der Mendelschen Entdeckung blieb die sofortige Anerkennung versagt, weil nicht alle diese Bedingungen erfüllt waren. Die meisten Wissenschaftler jener Zeit verstanden nicht, worum es bei den Mendelschen Gesetzen eigentlich ging. Mendel war mit seinen Ergebnissen dem Stand der Wissenschaft seiner Zeit weit vorausgeeilt. Seine Arbeit stand im Widerspruch zum traditionellen Herangehen der Wissenschaft seiner Zeit an die Vererbungsforschung, da er an die Stelle verschwommener Vorstellungen vom ganzheitlichen Charakter der genetischen Systeme seine Prinzipien der strukturellen Beschreibung der Erbanlagen setzte. Die intellektuelle Atmosphäre und die in der Mitte des 19. Jahrhunderts herrschende Denkweise waren kein günstiger Nährboden für die Aufnahme der mathematisch abstrakten Ideen Mendels. Und schließlich waren die Informationsmittel jener Zeit nicht in der Lage, alle interessierten Personen mit der Arbeit Mendels bekanntzumachen, ja sie erreichte nicht einmal die wenigen Wissenschaftler, die ihre Bedeutung hätten einschätzen können. Die von Watson und Crick aufgestellte Hypothese genügte hingegen allen drei genannten Bedingungen, woraus sich ihre unmittelbare Anerkennung erklärt.

Man könnte nun der Meinung sein, daß mit der Beschleunigung des wissenschaftlichen Fortschritts die Erfüllung dieser drei Bedingungen hinfällig wird und sie selbst keine Bedeutung mehr haben. Wir wollen an einigen Beispielen zeigen, daß eine solche Behauptung unbegründet ist.

Eine der wesentlichsten Schwierigkeiten bei der Interpretation der molekularen Vorgänge der Molekülteilung (Replikation) der DNS war die Erklärung dessen, wie sich das sehr lange, in einer Doppelspirale aufgewickelte DNS-Molekül streckt und teilt. Berechnungen zeigten, daß für die DNS in Darmbakterien folgende recht sonderbare Forderung erfüllt sein muß. Um innerhalb der von der Natur für die DNS-Reproduktion bereitgestellten Zeitintervalle zu bleiben, mußte angenommen werden, daß sich die DNS mit einer Geschwindigkeit von 15000 Umdrehungen pro Minute abrollt. Obwohl sich Watson und Crick bei der Formulierung ihrer Hypothese dieser Schwierigkeit voll bewußt waren, sahen sie anscheinend keinen Ausweg aus dieser Lage, und die Mehrheit der Genetiker überging diesen Umstand stillschweigend. Die ganze Angelegenheit ist um so unverständlicher, als das Lösungsprinzip von Anfang an gegeben war. Wir meinen die Annahme von Max Delbrück, daß sich das DNS-Molekül vor der Reproduktion an verschiedenen Stellen längsspaltet. Wenn die Delbrücksche Hypothese auch einige Irrtümer enthielt, so hätte die Idee dennoch von den Genetikern aufgegriffen werden können. Aber sie wurde abgelehnt und geriet in Vergessenheit. Erst in den letzten zwei Jahren kam man wieder auf diese Hypothese zurück, und es konnte nachgewiesen werden, daß die Reproduktion der DNS weit rascher abläuft, wenn das Molekül an verschiedenen Stellen längsgespalten ist. Außerdem konnte gezeigt werden, daß auch die synthetisierende Kopie der DNS zahlreiche Spaltungsstellen aufweist, die sich mit Hilfe eines speziellen Ferments allmählich wieder zusammenfügen.

Ein anderes Beispiel einer unbeachtet gebliebenen Entdeckung sind die Experimente zum vielstufigen Allelomorphismus, die zwischen 1929 und 1934 von A. S. Serebrovskij, N. P. Dubinin u. a. ausgeführt wurden. Aus diesen Experimenten folgte, daß das Gen keine unteilbare genetische Einheit darstellt, sondern über Mutationen und Rekombinationen weiter zerlegbar ist. Ungeachtet ihrer außerordentlichen Bedeutung wurde dieser Entdeckung nicht die erforderliche Aufmerksamkeit entgegengebracht, und erst nach den analogen, in technischer Hinsicht allerdings weit vollkommeneren Untersuchungen, die zwischen 1955 und 1961 von S. Benser an Bakteriophagen durchgeführt wurden, fanden sich die Wissenschaftler mit der Teilbarkeit des Gens ab.

Können wir nun, wenn unsere Analyse der Ursachen der Anerkennung von Entdeckungen richtig ist, auf die drei genannten Bedingungen einwirken, um wissenschaftlichen Leistungen zu einer rascheren Anerkennung zu verhelfen?

Offensichtlich ist der einzige Weg, der zu einer beschleunigten Anerkennung von Entdeckungen führt, die Verbesserung des wissenschaftlichen Informationswesens.

In der Tat: Soll das wissenschaftliche Denken bereit sein, eine neue Leistung aufzunehmen, so muß die betreffende Disziplin einen hohen Entwicklungsstand aufweisen. Die konkreten Untersuchungen müssen auf einem solch hohen Niveau erfolgen, das der Aktualität der Schlußfolgerungen aus einer neuen Errungenschaft gerecht wird. Die einzige Möglichkeit, den wissenschaftlichen Fortschritt zu beschleunigen, besteht darin, relativ rasch möglichst viele Wissenschaftler mit den neuen Ergebnissen bekanntzumachen, oder anders ausgedrückt, den Informationsfluß optimal zu organisieren. Um neue Aufgaben mit der Zielfunktion neuer Entdeckungen stellen zu können, müssen den Theoretikern wie auch den Experimentatoren hinreichende Informationen zur Verfügung stehen. Und das ist wiederum nur bei einem gut funktionierenden Informationssystem möglich. Somit ist das Bindeglied zwischen unserer ersten und zweiten Bedingung der Anerkennung einer Entdeckung, also zwischen der Akkumulation hinreichenden Faktenmaterials im betreffenden Wissensgebiet und den sich daraus herleitenden Fragestellungen, ein entsprechender Informationskanal. Von seiner Kapazität kann es abhängen, ob eine Entdeckung anerkannt wird oder nicht. Vervollkommnen wir also das Informationssystem, so können wir das Entwicklungstempo der Wissenschaft beschleunigen. Wir glauben, daß ein spezieller, aber durchaus wesentlicher Faktor für die beschleunigte Ansnutzung neuer Entdeckungen ein neues, unseres Wissens im Informationssystem bisher noch nicht praktiziertes Verfahren sein könnte. Man müßte Mitteilungen über prinzipiell neue Ideen, die in wissenschaftlichen Arbeiten enthalten sind, in einer besonderen Rubrik ausweisen. Dabei sollte auf Werturteile wie „richtig“, „falsch“, „verständlich“, „unverständlich“, „fruchtbar“, „unsinnig“ usw. verzichtet werden. Die neuen Ideen sollten lediglich erfaßt werden, um sie klarer erkennen und aus Mitteilungen über neue Arbeiten besser eruieren zu können. Das sollte es möglich machen, solche Ideen einer häufigeren und zugleich effektiveren Prüfung durch Spezialisten der betreffenden Disziplin zuzuführen.

L. S. Saljamon

Zu einigen Faktoren, die die Aufnahme neuer wissenschaftlicher Errungenschaften bedingen

Gegenwärtig lassen sich, wie uns scheint, einige voneinander unabhängig wirkende Faktoren nennen, die die Bewertung einer wissenschaftlichen Entdeckung bestimmen.

Bei einer Klassifizierung der wissenschaftlichen Tätigkeiten sind zwei voneinander unabhängige, wenn auch gemeinsam auftretende Funktionen derselben zu unterscheiden:

a) die Gewinnung neuer Kenntnisse

b) die Bewahrung bereits akkumulierter Kenntnisse und ihre Weitergabe an die kommenden Generationen [1, S. 117].

Diese Zweiteilung kann als direkte Folge der bekannten These aufgefaßt werden, daß die Wissenschaft die Akkumulation von Informationen sichert. Heute, da die Informationstheorie in alle Wissensgebiete vordringt und eine große Verbreitung erfährt, sollte daran erinnert werden, daß die Idee von der Bedeutung der Informationsweitergabe für die menschliche Gesellschaft erstmalig von Thomas Morgan, einem Mitbegründer der Genetik, formuliert wurde. Vor mehr als dreißig Jahren schrieb er: „Die Weitergabe von Erfahrungen von Generation zu Generation vermittels des Beispiels, des gesprochenen und des geschriebenen Wortes . . . ist offensichtlich ein grundlegender Faktor für die rasche soziale Evolution des Menschen“ [2, S. 169].

Diese für die gesamte Anthropologie prinzipielle Gesetzmäßigkeit – prinzipiell deshalb, weil die Weitergabe der von einer Generation gesammelten Erfahrung an die nächste einen grundlegenden Unterschied zwischen Mensch und Tier ausmacht – hat natürlich eine wesentliche Bedeutung für die Analyse der Wissenschaft und zwingt zur Unterscheidung ihrer beiden obengenannten Funktionen. Die „Doppelfunktion“ der Wissenschaft ist auch bei der psychologischen Analyse des wissenschaftlichen Schöpfertums zu berücksichtigen. In seinem Artikel „Lehre und Forschung“ stellt de Broglie fest, daß der Lehrer seine Aufmerksamkeit auf bekannte Erscheinungen konzentriert, der Forscher hingegen auf unbekannte. Auf Grund dieser Tatsache entwickelt sich beim Lehrer eine berufsbedingte Tendenz zu konservativem Denken.

Eine Folge der Doppelfunktion der Wissenschaft ist nicht nur die unterschiedliche psychologische Haltung des Forschers und des Lehrers[1], sondern auch die unterschiedliche Einstellung der „Informationsempfänger", also des Zuhörers beziehungsweise des Lesers, zu diesen beiden Personen. Das *Verhältnis zum Lehrer* (zum Lehrbuch) einerseits und das *zum Forscher* (zu einem wissenschaftlichen Artikel) andererseits *sind nicht identisch.* Es lassen sich verschiedene psychologische Faktoren anführen, die diese Unterschiede bestimmen.

Die Aufnahme bereits akkumulierter und sozusagen allgemein anerkannter und kanonisierter Kenntnisse unterscheidet sich natürlich von der Aufnahme einer neuen, eben erst von einem „meiner" Zeitgenossen gemachten Entdeckung, die auf „mich" einen Druck ausübt und zwingt, „meine" bisherigen und gewohnten Einstellungen aufzugeben.

Eine ganz bestimmte Bedeutung hat natürlich auch die Folgerichtigkeit der aufzunehmenden Informationen (ihre Quelle, also der Lehrer beziehungsweise das Lehrbuch, schafft eine Ausgangssituation mit einem etwas trägen Hintergrund, der nicht immer der Anerkennung später folgender Entdeckungen förderlich sein muß) sowie der Altersfaktor, der die Schärfe jeglicher Wahrnehmung beeinflußt und in jüngeren Jahren der Aneignung von Lehrbuchweisheiten entgegen kommt.

Alles dies ist allgemein bekannt. Doch besteht unter sonst gleichen Bedingungen gegenüber Informationen, die im Lernprozeß empfangen wurden, eine ganz andere Einstellung als gegenüber Informationen, die der eigentlichen wissenschaftlichen Tätigkeit entstammen. Es handelt sich dabei nicht nur darum, daß das Lehrbuch, wie allgemein angenommen werden sollte, lediglich verifizierte und zweifelsfreie Wahrheiten enthält, während die neue Mitteilung noch der Bestätigung bedarf. Denn die Fachleute stoßen immer wieder auf recht unzuverlässige und mitunter absolut falsche Behauptungen, die von Lehrbuch zu Lehrbuch weitergereicht werden. Der Verfasser dieses Beitrages könnte jedenfalls eine recht stattliche Kollektion solcher Fälle aus ihm bekannten Lehrbüchern zusammentragen. Ihnen mangelt es ebenso an Bestätigung und Beweis wie den neuen Mitteilungen. Doch stößt man sich nicht daran, solange das Lehrbuch seinen eigentlichen Zweck, der Verwendung für

[1] Dem widerspricht auch nicht die Tatsache, daß ein und dieselbe Person von der Lehre zur Forschung wechseln kann und umgekehrt.

die Lehre, gerecht wird. Das gilt auch für den wissenschaftlichen Beitrag, sofern er als Lehrmaterial verwendet wird. Die Normen des wissenschaftlich-kritischen Herangehens sind im Lernprozeß ganz andere als bei der Aufnahme von Mitteilungen für die eigentliche wissenschaftliche Tätigkeit. Diese Feststellung läßt sich auch noch anders formulieren: *Ein und dieselbe Behauptung kann, selbst von der gleichen Person, je nachdem ob sie für die Lehre oder für die Forschung verwendet wird, ganz unterschiedlich aufgenommen werden.*

Diese Tatsache scheint uns eine Folge der Doppelfunktion der Wissenschaft zu sein, die so letztlich dafür sorgt, daß innerhalb der Lehrtätigkeit Behauptungen anders bewertet werden als innerhalb der Forschungstätigkeit. Als ein Attribut der gesellschaftlichen Verhältnisse der Menschen führt die Weitergabe akkumulierten Wissens zu einer natürlichen und unkritischen Aufnahme früherer, gewissermaßen anonym gewordener Informationen, die sich von der Einstellung zu Informationen, die man selbst analysieren kann, beträchtlich unterscheidet.[2] Das bestimmt nicht nur die Unterschiede zwischen Lehre und Forschung, sondern unter sonst gleichen Bedingungen auch das Niveau des vorgefaßten Vertrauens zur Informationsquelle seitens des „objektiven" Wissenschaftlers.

Zur Veranschaulichung wollen wir folgendes Beispiel anführen. Vor nicht allzu langer Zeit erschien in der medizinischen Fachpresse ein Artikel mit der Überschrift „Tumorbehandlung mit Roten Rüben" [4, S. 410]. Es war nur natürlich, daß die Behauptung des Autors, man könne bösartige Geschwülste erfolgreich mit Roten Rüben behandeln, mit großer Skepsis aufgenommen wurde. Nehmen wir einmal an, die Mitteilungsquelle wäre ein in unserer Zeit aufgefundenes Volksbuch der Heilkunde gewesen. Die Skepsis wäre dann zweifellos weit geringer gewesen als bei der gleichen Mitteilung aus einer modernen Quelle.

Die unterschiedliche Einstellung zur Informationsquelle tritt besonders deutlich zutage, wenn das Wort eines unbekannten Autors allgemein anerkannten Grundsätzen aus Lehrbüchern widerspricht. Die persönlichen Erfahrungen haben Max Planck zu einer recht düsteren Verallgemeinerung veranlaßt: „Eine neue wissenschaftliche Wahrheit", so schrieb er, „pflegt sich nicht in der Weise durchzusetzen, daß ihre Gegner überzeugt werden und sich als belehrt erklären, sondern vielmehr dadurch, daß die Gegner allmählich aussterben und daß die

[2] Zur unterschiedlichen emotionalen Aufnahme von Ereignissen bei direkter Berührung mit ihnen und bei Vermittlung über die Fachliteratur vgl. [3]. Diese Erscheinung hat eine bestimmte Bedeutung für die Psychologie des wissenschaftlichen Schöpfertums.

heranwachsende Generation von vornherein mit der Wahrheit vertraut gemacht ist“ [5, S. 22].

Diese empirisch gewonnene Schlußfolgerung stimmt mit unserer Grundthese von den zwei Funktionen der Wissenschaft und ihrer Bedeutung für die Psychologie der Aufnahme wissenschaftlicher Informationen überein. Das Neue, das von den Zeitgenossen unterschätzt oder verworfen wird, kann von den nachfolgenden Generationen durchaus als Lehrmeinung akzeptiert werden.

Betrachten wir die Wissenschaft als Prozeß der Akkumulation von Wissen, so gilt die Annahme, daß sich jede neue These an eine vorangegangene „anlehnen“, also mit ihr in Verbindung stehen muß. Macht der Wissenschaftler mehrere Schritte auf einmal, eilt er also weit voraus und löst er Probleme, die er selbst gestellt hat, so stört er die natürliche Kontinuität des Wissens, und sein Werk wird nur unter Schwierigkeiten oder gar nicht anerkannt. Das ließe sich an zahlreichen wohlbekannten Beispielen veranschaulichen. Wir wollen nur eines herausgreifen.

Die ersten experimentellen Beweise für die genetische Transformation von Bakterien wurden, wie allgemein bekannt ist, von Griffith erbracht [6, S. 113]. Er hatte beschrieben, daß die Eigenschaften abgetöteter pathogener Pneumokokken auf lebende, vorher nicht pathogene Pneumokokken weitergegeben werden können. Von seiner Arbeit wurde jedoch kaum Notiz genommen. „Damals konnte kaum jemand ahnen, daß diese Arbeit von Griffith die Entwicklung der Molekulargenetik und so letztlich die Entschlüsselung des genetischen Kodes einleiten werde, also einer Entdeckung, die zu einem Meilenstein in der Entwicklung der Biologie wurde“ [7, S. 5].

Es sei jedoch darauf hingewiesen, daß Diskrepanzen zwischen dem jeweiligen Wissensstand und einer neuen Entdeckung die Aufnahme der letzteren zwar beeinträchtigen können, das Fehlen solcher Diskrepanzen aber nicht automatisch ihre rasche Durchsetzung gewährleistet. Das hängt von einer Gesamtheit weiterer Faktoren ab, auf die wir im folgenden teilweise eingehen wollen.

Die Einstellung zu einer neuen Entdeckung hängt in vielem von der geistigen Atmosphäre ab, die in der wissenschaftlichen Öffentlichkeit herrscht, also von sozial-psychologischen Faktoren. Zwei von ihnen ziehen unsere Aufmerksamkeit ganz besonders an.[3] Der erste Faktor wird vom jeweils dominierenden Feld der wissenschaftlichen Interessen

[3] Wenn wir hier näher auf diese Faktoren eingehen, so heißt das nicht, daß es nur zwei gibt. Es ist durchaus möglich, daß es bedeutend mehr sind.

bestimmt, der andere von einem außerwissenschaftlichen Bereich, nämlich der aktuellen Richtung des gesellschaftlichen Denkens.

Bekanntlich lenken Erfolge einer wissenschaftlichen Richtung die Aufmerksamkeit der breiten Öffentlichkeit auf sich und machen es so dem Wissenschaftler möglich, in einer allgemein anerkannten und ausgereiften Wissensdisziplin rasch auf das Neue zu reagieren. Wird in einer solchen Disziplin ein aktuelles Problem, das schon einige Zeit besteht, gelöst, so fällt das sofort jedermann auf, und dem Autor werden die gebührenden Ehren zuteil. Dies war beispielsweise in der Molekularbiologie der Fall, als M. W. Nirenberg und Matthaei auf dem V. Internationalen Biochemischen Kongreß in Moskau ihren Vortrag hielten. Die Ergebnisse ihrer Untersuchungen – sie hatten gezeigt, daß die Polyuridylsäure unter entsprechenden Bedingungen die Synthese von Polyphenylalanineiweiß auslöst, also die Matrixfunktion der Iridinkomponenten der natürlichen RNS imitiert – waren mit Windeseile allen Biochemikern und Genetikern der ganzen Welt bekannt und leiteten in den verschiedenen Laboratorien einen wahren Wettlauf um die Entschlüsselung des genetischen Kodes ein.

Das war deshalb der Fall, weil sich mit der von Nirenberg und Matthaei vorgeschlagenen Methode ein zentrales Problem einer in den biologischen Untersuchungen vorherrschenden Richtung lösen ließ. Nicht ohne Grund schrieb einer der Begründer der Molekularbiologie nach dem Erscheinen dieser Arbeit: „. . . alle fühlen, daß in der Entwicklung der Molekularbiologie eine bestimmte Ära ihrem Ende entgegengeht. Hatte die Entdeckung der Struktur der DNS die Anfangsperiode dieser Ära abgeschlossen, so leitete die Entdeckung von Nirenberg und Matthaei ihr Ende ein" [8, S. 54].

Hier war also der Kommunikationsfaktor im Spiel. Wenn eine Entdeckung ihre Bewertung erhalten soll, so muß die Stimme des betreffenden Wissenschaftlers wahrgenommen werden. Das kann oder kann auch nicht der Fall sein, je nachdem auf welchen Wellenbereich die Interessensphäre der wissenschaftlichen Öffentlichkeit eingestellt ist und ob die Stimme des Wissenschaftlers die erforderliche Resonanz zu finden vermag. Diese Resonanz bleibt aus, wenn das Forschungsgebiet nicht mit der das wissenschaftliche Denken beherrschenden Richtung übereinstimmt, oder wenn die Stimme des Wissenschaftlers zu schwach ist. Dieser zuletzt genannte Umstand ist ebenfalls zu berücksichtigen, da er zusammen mit der „Einstimmung" der Zuhörer den Gesamteffekt der Aufnahme bestimmt. Das natürliche Streben, „gehört zu werden", ist, wie M. K. Petrov zu Recht festgestellt hat [9], eine der Ursachen für die allgemeine Tendenz, in mehreren Publikationen die gleichen Dinge zu wiederholen. Die „Lautstärke“ des Neuen wird unter sonst gleichen Bedingungen auch durch das Ansehen und die Popularität des Autors bestimmt (sind nicht deshalb junge Forscher bemüht, ihren Ausführungen die Unterstützung namhafter Wissenschaftler zu verschaffen?), durch die Auflagenhöhe einer Publikation, die Verständlichkeit der Darlegung, Klarheit des Ausdrucks usw.

Betrachten wir folgende Tatsache. Die prinzipielle Erkenntnis der bedingt-reflektorischen Gesetzmäßigkeiten der Sprachfunktion des Menschen und die Erkenntnis dessen, daß „das Wort stets ein Laut- oder Schriftzeichen ist, das einen Gegenstand oder eine Erscheinung vertritt ...“, war von B. V. Bechterev [10] gewonnen worden, noch bevor I. P. Pavlov seine berühmte These von den zwei Signalsystemen aufgestellt hatte. Die gleiche Schlußfolgerung, zudem fast an das gleiche wissenschaftliche Publikum gerichtet – beide Wissenschaftler arbeiteten übrigens in der gleichen Stadt –, blieb in dem Buch von Bechterev unbeachtet, war aber nach dem Erscheinen der Arbeit von Pavlov sofort zum wissenschaftlichen Allgemeingut geworden. Die Gründe sind in mehreren Umständen zu suchen. Zunächst muß gesagt werden, daß Pavlov diese These bedeutend genauer und überzeugender formulierte als Bechterev. Pavlov unterstrich die physiologische prinzipielle Bedeutung von Wortsignalen und belegte sie mit einem speziellen Terminus. Auch die Bedingungen, unter denen die Veröffentlichung erfolgte, waren nicht die gleichen. Der Artikel „Der bedingte Reflex“, der im Todesjahr Pavlovs in der „Großen Medizinischen Enzyklopädie“ veröffentlicht wurde [11], setzte einen breiten Leserkreis vom zweiten Signalsystem in Kenntnis. Natürlich wurde diese grundlegende, in einem postumen Artikel des großen Physiologen dargelegte These anders aufgenommen als eine von den zahlreichen Schlußfolgerungen, Annahmen und Verallgemeinerungen, die das Buch Bechterevs enthielt.

Das aktuelle dominierende Interesse kann sich auf eine recht enge Sphäre beschränken. Untersuchungen, die dem Zeitgeist entsprechen, können „in guter Nachbarschaft“ mit Untersuchungen laufen, die ihm widersprechen, dabei aber der gleichen Thematik gelten. Ist der Weg zur Lösung eines herangereiften Problems erkannt, so kann es in der betreffenden Disziplin zu einer derart starken Konzentration des Denkens kommen, daß eine erfolgreiche Lösung des gleichen Problems, die in einer benachbarten Richtung erzielt wurde, nicht sofort bemerkt wird.

Wir wollen dazu ein Beispiel anführen. Bereits Ende des vorigen Jahrhunderts war der Gedanke aufgekommen, daß bösartige Geschwülste durch äußere Schädigungen verursacht werden können. Diese Vermutung wurde durch gewichtige Tatsachen gestützt, so durch das Auftreten des Berufskrebses [12], durch die Reiztheorie von Virchow, nach der die Bösartigkeit von Gewebeentwicklungen auf vorangegangene chronische Reizungen zurückzuführen ist, und schließlich durch die Errungenschaften der experimentellen Medizin, mit der sich eine Reihe spezifischer Agenzien nachweisen ließen, die selektiv auf physiologische Prozesse einwirken.

Die Lösung der Frage schien in der Luft zu liegen. Offensichtlich brauchte nur eine Schwierigkeit überwunden zu werden: man brauchte nur die Reizursache zu erkennen, die bei Lebewesen bösartige Geschwülste hervorruft, und das Problem war gelöst. 1908 führte der bekannte russische Pathologe V. V. Podvysockij auf einer internationalen Konferenz aus: „Die vertrackte, in ihrer Ungelöstheit erdrükkende Frage, warum Krebs entsteht ..., bleibt trotz alledem ohne Antwort. Das beweist lediglich, daß wir noch nicht jene Kombination der Reizursachen kennen, die im Gewebe geschwulstartige Wucherungen auslöst. Aber solche Reizursachen muß es geben ..." [13, S. 741].

Die Überzeugung, daß chemische Schadstoffe Krebs verursachen können, war derart stark, daß qualifizierte Spezialisten als Folge ihres Wunschdenkens bösartige Wucherungen dort sahen, wo sie gar nicht existierten. Ein solcher Fehler war 1906 dem berühmten Krebsforscher Fischel unterlaufen, der durch Entzündungen hervorgerufene Ephithelschwellungen, die er bei Kaninchen durch Injektion von Scharlachrot induzierte, für ein experimentelles Krebsmodell hielt [12]. 1909 wiederholte V. V. Podvysockij den gleichen Fehler, als er bei Versuchen Infusionserde verwandte, die ein Granulem hervorrief.

Die Idee war richtig. 1916 hatten Yamagiva und Ichikawa bei Kaninchen mit Steinkohlenteer eine Krebsgeschwulst erzeugt. Diese Arbeit war bald in der ganzen Welt bekannt und führte zu einer forcierten Entwicklung der experimentellen Krebsforschung. Indessen hatten die bereits einige Jahre früher von den französischen Forschern Marie, Clunnet und Raulot-Lapointe [14, S. 404; 15, S. 125] veröffentlichten Arbeiten keinen großen Eindruck auf die Zeitgenossen gemacht, obwohl es ihnen gelungen war, bei Ratten mit Röntgenstrahlen bösartige Geschwülste zu induzieren. Wie L. M. Šabad bemerkt, zweifelten viele Wissenschaftler zunächst an der Richtigkeit der Ergebnisse, und die Autoren selbst verhielten sich ihren Beobachtungen gegenüber recht vorsichtig [12]. Die Schlußfolgerung war zurückhaltend formuliert, obwohl die kanzerogene Wirkung von Röntgenstrahlen keine experimentelle Überraschung mehr war. Schließlich war der Röntgenberufskrebs schon bekannt. Die Zurückhaltung hatte ihre Ursache in der Ausrichtung des onkologischen Denkens jener Zeit. Die angespannte Suche nach kanzerogenen Stoffen hatte bewirkt, daß der langersehnte Effekt dort entdeckt wurde, wo er in Wirklichkeit gar nicht bestand, während die nichterwartete kanzerogene Wirkung ionisierender Strahlen unbemerkt blieb.[4]

Wenn wir untersuchen, welche Wirkung die herrschende Richtung des wissenschaftlichen Denkens ausüben kann, so werden wir feststellen, daß sie nicht nur zur Blindheit gegenüber dem Neuen, sondern direkt zu seiner Ablehnung führen kann. Es sei nur daran erinnert, wie die erfolgreiche und von den Ärzten allgemein anerkannte Bakteriologie sie daran hinderte zu erkennen, daß weder Pellagra noch Beriberi Infektionskrankheiten sind. Die Vertreter der gerade im Entstehen begriffenen Vitaminologie, die davon überzeugt waren, daß diese Krankheiten nicht infektiöser Natur waren, konnten ihre Widersacher nicht davon überzeugen. Sie nahmen deshalb zu verzweifelten Selbstversuchen Zuflucht, indem sie sich mit den Exkrementen an Vitaminmangel Leidender anzustecken suchten. Gegen die Mikrobiologen und die Anhänger der Infektionstheorie anzutreten, war in jenen Jahren ein schwieriges Unterfangen. Die Trägheit des Denkens ließ selbst eine wertvolle Theorie zu einem Hemmschuh für die weitere Entwicklung der Wissenschaft werden.

Autounfälle sind häufig, wie Fachleute behaupten, die Folge nicht einer, sondern mehrerer Ursachen (Glätte + mangelnde Erfahrung des Fahrers oder überhöhte Geschwindigkeit + Unvorsichtigkeit eines Fußgängers usw.) Ein ähnliches Zusammenwirken von Umständen, das heißt die Summe voneinander unabhängiger Faktoren, kann auch das Schicksal einer Entdeckung bestimmen.

Ein unglückliches Zusammentreffen von Umständen war offensichtlich die Ursache der aus heutiger Sicht recht eigentümlichen Entdeckungsgeschichte des Insulin. Sie soll deshalb im folgenden etwas genauer beschrieben werden.

Bereits 1900 hatte L. V. Sobolev das „Geheimnis“ der Zuckerkrankheit entdeckt und den richtigen Weg zu ihrer Heilung aufgezeigt.

[4] Ähnliche, wenn auch nicht identische Ursachen bestimmten auch das Schicksal der Entdeckung der Virusgeschwülste. Ohne hier ins Detail gehen zu wollen, sei lediglich bemerkt, daß von Rous bereits 1910, das heißt einige Jahre vor der Induktion des Teerkrebses, ein Virussarkom induziert worden war. Den Nobelpreis erhielt Rous erst 1965, also 55 Jahre nach seiner Entdeckung.

Seine Arbeiten wurden jedoch erst 30 Jahre später von der nächsten Wissenschaftlergeneration entsprechend gewürdigt. Die Standardformulierung „Die Wissenschaft war noch nicht reif für diese Entdeckung“ geht hier an der Wahrheit vorbei. Das Problem des „Zuckerurins“ war schon viele Jahre lang Gegenstand experimenteller Analysen gewesen. Über die praktische Bedeutung seiner Lösung bestanden keine Zweifel. 1900 starben Menschen genauso an Diabetes wie 1921, als der kanadische Arzt Banting, der den Gedankengang Sobolevs buchstäblich wiederholte, Insulin gewann. Diese Entdeckung wurde als Sensation aufgenommen, und 1923 erhielt F. G. Banting zusammen mit J. J. MacLeod, dem Leiter des Labors, den Nobelpreis.

Hier ist nicht der Ort zu erörtern, warum Sobolev seine Idee nicht zur praktischen Realisierung führte.[5] Uns interessiert lediglich, warum seine Idee in der wissenschaftlichen Öffentlichkeit unbemerkt blieb.

L. V. Sobolev arbeitete in der Militärmedizinischen Akademie, die seinerzeit die größte wissenschaftliche Einrichtung auf dem Gebiete der Medizin in Petersburg war. Seine Forschungsergebnisse unterbreitete er ebenfalls dort, und zwar auf einer Sitzung der Gesellschaft russischer Ärzte. Er veröffentlichte sie gleichzeitig in der russischen Zeitschrift „Eženedel'nik praktičeskoj mediciny“ (Wochenblatt für praktische Medizin) und in der bedeutenden europäischen Zeitschrift „Zentralblatt für allgemeine Pathologie und pathologische Anatomie“. Die Arbeit konnte also den führenden Vertretern der russischen experimentellen Medizin nicht verborgen geblieben sein. I. P. Pavlov kannte Leonid Vasilevič Sobolev und hielt ihn für eine hervorragende Persönlichkeit [16]. „Er war so liebenswürdig“, schreibt Sobolev, „mir anzubieten, mir eine Operation vorzuführen, und er band die Bauchspeicheldrüse bei drei Kaninchen ab“ [20, S. 19].

Warum blieb die Entdeckung Sobolevs trotz alledem unbemerkt, und

[5] Für die Wissenschaftswissenschaften ist die Analyse solcher Erscheinungen nicht ohne ein gewisses Interesse. Sobolev hätte die Grenzen seines Spezialfaches überschreiten und das Profil seiner Arbeit ändern müssen. Hinderlich konnten auch gewisse Charaktereigenschaften des Autors sowie die Arbeitsbedingungen sein. In den Thesen zu seiner Dissertation lesen wir: „Es wäre wünschenswert, daß die wissenschaftlichen Arbeiten der Institutsärzte aus dem Fiskus finanziert werden, da sonst zwangsläufig nicht die interessantesten, sondern die in ihrer Ausführung billigsten Arbeiten gewählt werden.“ Offensichtlich war die ärmliche Ausstattung der Laboratorien ein beträchtliches Hindernis für die Forschungsmöglichkeiten Sobolevs.

warum wurde sie nicht gebührend gewürdigt?[6] Die Antwort auf diese Frage wird durch einen weiteren erstaunlichen Umstand erschwert. Experimentelle Untersuchungen zum Diabetes wurden in der gleichen Militärmedizinischen Akademie durchgeführt, und zwar von keinem anderen als V. V. Pašutin (und seinen Schülern), einem bekannten Wissenschaftler, der den Lehrstuhl für allgemeine Pathologie gegründet hatte und zu jener Zeit bereits Vorsitzender der Akademie war. Zu dem gleichen Thema hatte N. P. Kravkov, ein Schüler V. V. Pašutins und später ein bekannter Pharmakologe, 1898 seine Antrittsvorlesung als Privatdozent an der Akademie gehalten [18]. L. V. Sobolev selbst ist als „Enkelschüler" von Pašutin anzusehen. Er arbeitete unter der direkten Anleitung von Prof. K. N. Vinogradov, ehedem die rechte Hand von Pašutin. Wir sehen also, daß die an der Militärmedizinischen Akademie tätigen Wissenschaftler am Diabetesproblem außerordentlich stark interessiert waren, selbst entsprechende Untersuchungen durchführten und nicht bemerkten, daß einer ihrer Schüler das Problem bereits gelöst hatte.

Diese paradoxe Situation erklärt sich unseres Erachtens daraus, daß die Sobolevsche Denkweise V. V. Pašutin fremd und ungewohnt war. In jenen Jahren dominierte die Vorstellung, daß Diabetes eine Folge von Leberfunktionsstörungen sei. Der Autor dieser irrigen Theorie war der geniale Claude Bernard. Seine berühmten Versuche mit der „Zuckerspritze"[7] führten ihn zu der Annahme, daß man den Diabetes als eine Nervenkrankheit auffassen kann, die ihren Ursprung in einer übermäßigen Tätigkeit jenes Nervs hat, der die Leber anregt, große Mengen an Zucker ins Blut abzugeben [19]. Die Autorität Claude Bernards und die bestechende Logik seiner Experimente leiteten das Denken auf diesen Irrweg. Aber gerade in dieser Richtung hatte V. V. Pašutin seine Untersuchungen angelegt.

Die Voraussetzungen, von denen Sobolev bei seinen Versuchen ausging, waren gänzlich anderer Natur. 1889 hatten Mering und Min-

6 Die Arbeit Sobolevs hatte in Rußland so gut wie keine Spuren hinterlassen, so daß sein Name in russischen Publikationen in der Regel nicht einmal erwähnt wurde. Er wurde in Rußland erst bekannt, nachdem der zweite Band des endokrinologischen Handbuchs „Die Hormone" von Trendelenburg erschienen war [17]. Die sehr gewissenhafte Analyse der Entdeckungsgeschichte des Insulin ließ Trendelenburg hervorheben, daß sämtliche grundlegenden Thesen der Bantingschen Arbeit bereits zwanzig Jahre zuvor von Sobolev formuliert worden waren.

7 Eine Injektion in einen bestimmten Abschnitt des Gehirns ruft bei Tieren eine kurz anhaltende Erhöhung des Blutzuckerspiegels hervor.

kowski [21, S. 393] gefunden, daß bei Hunden die Entfernung der Bauchspeicheldrüse Diabetes auslöst. Diese Arbeit, die sofort die Aufmerksamkeit der Fachwelt auf sich lenkte, konnte dennoch das Diabetesproblem weder theoretisch noch praktisch lösen. Die theoretische Schwierigkeit bestand darin, den Zusammenhang zwischen der Verdauungsfunktion der Bauchspeicheldrüse und ihrem Einfluß auf den Blutzuckerspiegel zu erkennen. Andererseits führten sämtliche praktischen Versuche, Diabetes mit trockener, roher oder gekochter Bauchspeicheldrüsensubstanz oder ihren Extrakten zu heilen, zu keinerlei wesentlichen Resultaten. Sobolev erfaßte die Ursachen sowohl der theoretischen Schwierigkeiten als auch der praktischen Mißerfolge. Seine Lösung war spekulativ: „Die Grundvoraussetzungen für die von mir getroffenen Annahmen sind in zahlreichen Lehrbüchern angeführt", schrieb er und zählte zum Beweis folgende Fakten auf: Neben dem Grundgewebe der Bauchspeicheldrüse, das einen Verdauungssaft in den Zwölffingerdarm abgibt, sind in dieser Drüse noch die Langerhansschen Inseln eingebettet, die keine Durchgänge haben. Die von Sobolev früher gemachten Beobachtungen führten ihn zu der Schlußfolgerung, daß die Langerhansschen Inseln ihrer Struktur nach den Drüsen mit innerer Sekretion verwandt seien. Die Entfernung der Bauchspeicheldrüse erhöht den Zuckerspiegel im Urin, während es beim Abbinden der Drüse zu keinen Diabeteserscheinungen kommt, obwohl der Verdauungssaft nicht in den Zwölffingerdarm gelangen kann und die Zellen, die den Verdauungssaft erzeugen, allmählich absterben. Bei Diabetes kommt es in den Zellen, die den Verdauungssaft erzeugen, niemals zu irgendwelchen Veränderungen.

„Es drängt sich ganz natürlich die Vermutung auf", schreibt Sobolev, „daß die Langerhansschen Inseln das morphologische Substrat dieser speziellen Funktion der Bauchspeicheldrüse im Kohlenhydratstoffwechsel sind." Seine Dissertation war der Verifizierung dieser Vermutung gewidmet und bestätigte sie. Das ohne Folgen bleibende Abbinden führte zur Atrophie lediglich des Drüsenparenchyms, nicht aber der Langerhansschen Inseln. Folglich müssen diese Inseln irgendein Agens ins Blut abgeben, das den Kohlenhydratstoffwechsel reguliert. L. V. Sobolev hatte also die mißglückten Versuche, Diabetes mit Bauchspeicheldrüsengewebe zu heilen, richtig erklärt, indem er einen Einfluß von „Verdauungssäften" postulierte und vorschlug, das nach dem Abbinden isolierte Inselgewebe zu verwenden und damit auf eine Methode hinwies, die zwanzig Jahre später noch einmal von Banting entwickelt und dann zur allgemeinen Praxis der Diabetesbekämpfung wurde. „Angesichts der Schwierigkeit, Drüsen in großer Anzahl zu erhalten, in denen lediglich die Inseln erhalten sind, kann man sie möglicherweise durch Drüsen neugeborener Tiere, etwa von Kälbern, ersetzen, bei denen die Inseln im Verhältnis zum Stoffwechselapparat gut entwickelt sind, weil bei Neugeborenen die Bauchspeicheldrüsen fast nicht zur Verdauungstätigkeit fähig sind. Deshalb darf man hoffen, daß die Verdauungssäfte nicht die Wirkung der Inseln beeinträchtigen werden" [20, S. 147].

Es ist wenig wahrscheinlich, daß die Untersuchungen Sobolevs den damaligen russischen Autoritäten auf dem Gebiete der Diabetesforschung sehr genehm waren. Schließlich hatte Sobolev die Unhaltbarkeit der von ihnen viele Jahre lang verfolgten Richtung nachgewiesen. In seiner Dissertation kritisierte er, wenn auch in korrekter Form, so doch sehr überzeugend, die Hypothese von Claude Bernard und nannte V. V. Pašutin, also den Lehrer seines Lehrers und damaligen Vorsitzenden der Militärmedizinischen Akademie, als einen Vertreter dieser irrigen Konzeption.

Es gab allerdings auch Gründe, die Richtigkeit der von L. V. Sobolev aufgestellten Hypothese zu bezweifeln. Schließlich war die Funktion der Langerhansschen Inseln in jenen Jahren keinesfalls klar erkannt, sondern wurde noch von vielen Fachleuten diskutiert. Das Inselgewebe der Bauchspeicheldrüse wurde nicht einmal in allen Lehrbüchern erwähnt.

Während die Autoritäten auf dem Gebiete der Pathologie psychologisch bedingte Vorurteile gegenüber dieser neuen Hypothese hatten, verhielt sich der größte Teil der wissenschaftlichen medizinischen Öffentlichkeit diesem Problem gegenüber indifferent. Es interessierte einige wenige Fachleute, und für den Rest existierte es nicht. Indes wäre jedermann zugänglich gewesen:

– das, was Sobolev entdeckt hatte;

– eine in jenen Jahren erschienene Arbeit von Kachan (1899), in der zu lesen war: „Bei dem Diabetes handelt es sich nicht um anatomische Veränderungen der Drüse, sondern um eine Unterbrechung beziehungsweise Störung ihrer inneren Sekretion";

– eine Arbeit Schulzes (1900), der unabhängig von Sobolev und etwas später als er analoge Experimente durchgeführt hatte [20];

– Versuche, Inselgewebe für die Heilung des Diabetes zu verwenden, die 1905 von Diamare, 1907 von Rennie und Fraser, 1908–1909 von Zuelzer, Dohrn und Marxer und 1912 von Scott durchgeführt worden waren [17] usw.

Allen diesen Tatsachen wurde erst im nachhinein die ihnen gebührende Anerkennung zuteil. Noch 1913 hatte MacLeod die hormonalen Funktionen der Bauchspeicheldrüse bezweifelt, der gleiche Mac-

Leod, Leiter des Instituts in Toronto, an den sich 1920 der damals noch völlig unbekannte Banting gewandt hatte, um ihm genau jene Überlegungen vorzutragen, die einst Sobolev angestellt hatte, und den er um die Erlaubnis bat, entsprechende Versuche durchführen zu dürfen. Der gleiche MacLeod, der 1923 zusammen mit Banting den Nobelpreis erhielt, war noch wenige Jahre zuvor analogen Untersuchungen mit ungerechtfertigtem Mißtrauen begegnet. Es ist durchaus denkbar, daß MacLeod den Arbeiten Bantings mit der gleichen Skepsis begegnet wäre wie ehedem den Arbeiten Sobolevs, Schulzes und anderer, wenn er sie lediglich aus der Fachliteratur kennengelernt hätte. Schließlich waren die Stimmen aller dieser Autoren nicht sehr laut gewesen. Aber diesmal sah sich MacLeod der Erscheinung unmittelbar gegenüber, und seine Autorität verstärkte die Stimme Bantings. Die Wirkung in der Öffentlichkeit stellte sich deshalb sofort ein.

Selbst ein angemessener, für die Aufnahme des Neuen hinreichender Wissensstand muß also von sich aus, sozusagen automatisch, noch nicht die Durchsetzung einer wissenschaftlichen Entdeckung ermöglichen. Die Resonanz, die eine Mitteilung findet, hängt in vielem davon ab, auf welchen „Wellenbereich" das wissenschaftliche Auditorium eingestellt ist. Dazu können noch außerhalb der Wissenschaft liegende Umstände hinzukommen, die ebenfalls erwähnt werden müssen.

Die Wissenschaft ist bemüht, objektive Gesetzmäßigkeiten aufzudecken. Ihre Schlußfolgerungen können mitunter für die Gesellschaft unerwartet sein und die eine oder andere Seite ihrer Interessensphäre berühren. Davon geht oft ein wesentlicher Einfluß auf die Einstellung zu einer wissenschaftlichen Entdeckung aus, der ihr zuweilen förderlich, unter bestimmten Umständen aber auch hinderlich sein kann.

Die klassischen Konflikte zwischen wissenschaftlichen Entdeckungen und religiöser Dogmatik sind hinlänglich bekannt. Das Schicksal Giordano Brunos oder Galileis, der Meinungsstreit um das heliozentrische System oder den Darwinismus in seinen unterschiedlichen Auslegungen sind beredte Zeugnisse dafür, wie die jeweils herrschende religiöse Ideologie sich stets großen Entdeckungen widersetzt hat. Indes ist dies nur die eine Seite einer allgemeineren und zugleich komplizierteren Erscheinung.

Die Verflechtung wissenschaftlicher und gesellschaftlicher Interessen, die von ideologischen, soziologischen und psychologischen Faktoren abhängt, beschränkt sich nicht auf den Streit zwischen Religion und Wissenschaft und führt auch nicht immer zu gleichartigen Ergebnissen. Die Folgen können mannigfaltig sein und recht unerwartete Ergebnisse zeitigen. Dabei zeigt sich, daß

– die Wissenschaft das ideologische Leben der Gesellschaft nicht nur kraft ihrer großen Entdeckungen in Aufregung versetzen kann, oder anders ausgedrückt: *Die gesellschaftliche Resonanz ist der akademischen Bedeutung der betreffenden wissenschaftlichen Arbeit nicht proportional;*
– *wissenschaftliche Entdeckungen werden nicht immer von den fortschrittlichen Elementen der Gesellschaft unterstützt und von den Rückschrittlern und Reaktionären verworfen;* es gibt vielmehr auch Gegenbeispiele.

Mitunter kommt es vor, daß die Erörterung eines partiellen und drittrangigen Problems plötzlich an fundamentale gesellschaftliche Probleme rührt und ein langwieriger Meinungsstreit einsetzt, der dem Wesen des eigentlichen Streitobjektes nicht adäquat ist. Solche Folgen hatte beispielsweise der im 16. Jahrhundert von den Ärzten ausgetragene Streit um Einzelheiten des Aderlasses. Es ging um die Lösung der Frage, ob der Aderlaß aus den Venen vorzunehmen ist, die dem entzündeten Organ am nächsten liegen – etwa bei einer linksseitigen Lungenentzündung aus der linken Ellbogenvene –, oder ob dieses Verfahren „das Blut zum kranken Organ hinzieht" und der Aderlaß folglich aus Venen entfernter Körperteile vorzunehmen sei [32]. Die Langwierigkeit und Schärfe der Polemik, die Anrufung des Papstes und Kaisers Karls V. durch die Beteiligten sind nicht zu verstehen, wenn man nicht weiß, daß der Aderlaß aus den anliegenden Venen den Empfehlungen des Hippokrates entsprach und daß es im Mittelalter üblich war, nach der Methode des Galenus vorzugehen, also die vom erkrankten Organ entfernter liegenden Venen zu nehmen. Der Vorschlag des Pariser Arztes Pierre Brissot (1478–1522), das System des Aderlasses zu ändern, sprengte den Rahmen eines engeren medizinischen Fachproblems, denn er bedeutete im Grunde genommen ein Urteil zugunsten des griechischen Ketzers Hippokrates und somit eine Rehabilitierung der antiken Wissenschaft; er räumte der Wissenschaft das Recht ein, verfestigte Dogmen neu zu überdenken. Das aber war eine Auflehnung gegen den Kanon der mittelalterlichen Scholastik.

Das Wechselverhältnis zwischen wissenschaftlichen Entdeckungen und wissenschaftsexternen Faktoren ist also außerordentlich kompliziert. In einzelnen Fällen können die Ergebnisse einer objektiven Untersuchung nicht den fortschrittlichen, sondern den reaktionären Auffassungen imponieren. Das war beispielsweise vor etwa 100 Jahren bei der Beurteilung der Arbeiten Pasteurs der Fall, der die Unmöglichkeit der Urzeugung nachgewiesen hatte. Die Gegner Pasteurs waren der Ansicht, daß ihre eigenen Versuche zum Nachweis der Urzeugung die biblische Legende vom einmaligen Schöpfungsakt des Lebens auf der

Erde widerlegten und mit der Theorie der biologischen Evolution in Einklang standen. Pasteur verstand das ebenso gut wie die Philosophen seiner Zeit. Ungeachtet des Gelöbnisses, „weder die Religion, noch die Philosophie, noch den Atheismus, noch den Materialismus, noch den Spiritualismus zu berühren" und ungeachtet der Bereitschaft, „zu verkünden, daß es eine Urzeugung gibt, falls es die Versuche erlauben", unternahm Pasteur nichts, um der Fragestellung ihre Schärfe zu nehmen [22]. Gerade dieser Umstand, und nicht das theoretische Wesen der Sache, weckte das gesellschaftliche Interesse und die Aufmerksamkeit der katholischen Kirche für die Polemik und veranlaßte die Freunde Pasteurs zu dem Ratschlag, von solchen Untersuchungen Abstand zu nehmen [23].

Es sei daran erinnert, daß der revolutionäre Demokrat D. I. Pisarev einen speziellen Artikel verfaßte, in welchem er die Ideen der Urzeugung verfocht und Pasteur des Obskurantismus bezichtigte [24]. Es ist durchaus möglich, daß diese Umstände die Einstellung der Öffentlichkeit zu den späteren Arbeiten Pasteurs im gewissen Maße mitprägten und im Verein mit anderen Faktoren eine Opposition erzeugten, „und es war ein äußerst wütender Widerstand, der fast von der ganzen Ärzteschaft ausging" [25, S. 424]. Wenn I. M. Mečnikov besonders hervorheben mußte, daß Pasteur seine Versuche keinesfalls im Auftrage des französischen Klerus angestellt hatte [24], so beweist dies nur, daß auf dem Ansehen des großen Gelehrten ein Schatten lag, der eine gerechte Würdigung seiner Verdienste vereitelte.

Auch heute ist der Einfluß des gesellschaftlichen Hintergrundes auf die Aufnahme wissenschaftlicher Entdeckungen in dieser oder jener Form zu verspüren. So ist beispielsweise bekannt, daß die kürzliche Entdeckung der „Qumran-Handschriften" vom Vatikan mit Freude aufgenommen wurde. Die wissenschaftliche Bewertung dieser neuen historischen Daten ist somit infolge der spezifischen Einstellung der religiösen Öffentlichkeit zu ihnen noch komplizierter geworden.

Vor einigen Jahren war die Welt durch die sensationelle Mitteilung erregt worden, daß einem Menschen ein fremdes Herz eingesetzt worden war. Die Nierentransplantation hatte kein so starkes Aufsehen erregt, obwohl die Funktion der Nieren nicht weniger kompliziert ist und der Mensch ohne sie ebensowenig existieren kann wie ohne Herz. Doch das Herz wird seit je mit der Sphäre der menschlichen Gefühle assoziiert. Hat etwa dieser Umstand den sensationellen Charakter der Herztransplantation vergrößert? Mitunter stößt auch eine nicht allzu bedeutende wissenschaftliche These oder Hypothese auf eine breite und unangemessen große gesellschaftliche Resonanz. Es sei nur an den erst kürzlich ausgetragenen und noch keinesfalls völlig abgeklungenen „Streit um die Kalliope“ erinnert [26, 27]. Die Annahme, daß Maschinen in Zukunft Kunstwerke schaffen und Dichter, Komponisten usw. ersetzen werden, interessierte und erregte zahlreiche Menschen, teilte sie „in zwei Lager“ und löste eine lebhafte Diskussion aus. Daß diese Diskussion den wirklich brennenden Problemen unseres angespannten Jahrhunderts so wenig entsprach, wird den Historikern der Zukunft möglicherweise ein ironisches Lächeln entlocken. Hatte der „Streit um die Kalliope“ soziologische und noch weitaus stärker psychologische Probleme der Persönlichkeit berührt, so können andere wissenschaftliche Fragen die eigentlich lebenswichtigen Probleme der menschlichen Gesellschaft betreffen, die dann natürlich nicht nur gleichgültig zusehen kann, wie diese Fragen gelöst werden. So kommen wissenschaftliche Thesen über die Ungleichheit der menschlichen Rassen den Ideologen des Rassismus sehr gelegen, und sie mißbrauchen sie als theoretische Grundlage für die Verschleierung ihrer kolonialistischen oder gar faschistischen Absichten. Obwohl dem Forscher die Verantwortung dafür nicht angelastet werden kann, wie die herrschende Klasse wissenschaftliche Entdeckungen ausnutzt, stellt die öffentliche Meinung dennoch einen Zusammenhang zwischen Interpretation und Entdecker her und verdammt mitunter wissenschaftliche Richtungen, die für die Realisierung beziehungsweise Rechtfertigung antihumaner Aktionen herangezogen werden. Deshalb legte beispielsweise in den Jahren der blutigen Praxis des Hitlerschen Rassismus die Öffentlichkeit eine sehr zurückhaltende Einstellung zu gewissen anthropogenetischen Theorien und zu Arbeiten auf dem Gebiete der medizinischen Genetik an den Tag.

Die Wissenschaft beeinflußt das Leben der Gesellschaft und ihr Schicksal weit häufiger und stärker, als dies im Moment einer Entdeckung vermutet oder vorhergesagt werden kann. Doch sobald diese Wirkung spürbar wird und unvermittelt ein echtes Lebensproblem der Gesellschaft, ihre Ideen oder auch Vorurteile berührt werden, gewinnt die Einstellung zu der dahinter stehenden Entdeckung unwillkürlich eine spezifische Nuance, die ihre Wurzeln außerhalb der Wissenschaft hat.

Die hier aufgezählten Faktoren umfassen keinesfalls sämtliche Bedingungen, die die Einstellung zu einer wissenschaftlichen Entdeckung beeinflussen. Mitunter sind noch andere Faktoren soziologischer oder auch psychologischer Natur ausschlaggebend.

Eine wesentliche Rolle spielt zum Beispiel der „Faktor der persönlichen Autorität“. Zwischen 1884 und 1886 hatte MacMunn neue biochemische

Stoffe, die sogenannten Histohämine (Zytochrome) entdeckt, die, wie man heute weiß, den Ablauf der grundlegenden Etappen der biologischen Oxydation regeln. Einer der Begründer der Biochemie und eine Koryphäe auf diesem Gebiet, Hoppe-Seyler, unterzog die Arbeiten MacMunns einer derart vernichtenden Kritik, daß nicht nur die anderen Forscher, sondern der Autor selbst den Entschluß faßte, diese Experimente einzustellen. Die Folge war, daß das Zytochrom erst vierzig Jahre später, nach den berühmten Arbeiten von Keilin [28, 29], allgemeines Besitztum der Wissenschaft wurde. Dabei gab es an der Arbeit von MacMunn nichts besonderes. Die Beschreibung neuer biochemischer Komponenten gehörte zu den charakteristischen Merkmalen der Arbeiten jener Zeit. Es fällt uns schwer, einen Grund dafür zu finden, warum Hoppe-Seyler der Entdeckung MacMunns mit einem derartigen Mißtrauen begegnete, wir vermerken jedoch, daß die Arbeit und ihre Kritik in der gleichen Zeitschrift erschienen, also dem Urteil der gleichen wissenschaftlichen Öffentlichkeit anheimgestellt waren. Doch MacMunn war ein gewöhnlicher Autor und Hoppe-Seyler der Begründer und Redakteur der Zeitschrift. Die Stellung der streitenden Parteien war also ungleich. Der irrenden Autorität wurde Recht gegeben, während den richtigen Beobachtungen der Nichtautorität der Schein eines methodischen Fehlers angehängt wurde.

Ein klares, wenn auch bedrückendes Beispiel, das uns die wichtige Rolle psychologischer Faktoren in der Einschätzung einer wissenschaftlichen Entdeckung vor Augen führt, ist eine der tragischen Episoden aus der Geschichte der Medizin. In den Entbindungsstationen Europas grassierte in der ersten Hälfte des vorigen Jahrhunderts das Kindbettfieber. In den Entbindungsheimen Wiens kamen in den besten Zeiten 3 bis 5 Prozent und in einzelnen Perioden bis zu 30 Prozent der gebärenden Frauen ums Leben. 1847 konnte der ungarische Arzt Ignaz Semmelweis zeigen, daß Antisepsis (in der heutigen Terminologie) dem Kindbettfieber vorbeugt. Heute nennt man Semmelweis den „Retter der Mütter". Dabei wurde seine Methode damals nicht weiter verbreitet, und die verzweifelten Versuche Semmelweis', seine Kollegen davon zu überzeugen, daß mit einfachen Mitteln Menschenleben gerettet werden können, stießen auf schärfste Kritik. Dies kann man nicht einfach als erschreckende Stupidität abtun, und nicht alle Kritiker von Semmelweis kann man als abgestumpfte Rückschrittler bezeichnen. Unter ihnen befanden sich immerhin Rudolf Virchow, Mitglieder der Medizinischen Akademie von Paris und bedeutende Wissenschaftler auf dem Gebiet der Geburtshilfe.

Immer wenn Medizinhistoriker auf die Entstehung der Antisepsis zu sprechen kommen, werden Fragezeichen gesetzt. Meyer-Steineg und Sudhoff [32] sprechen ganz offen aus, daß der erbitterte Widerstand gegen die Semmelweissche Entdeckung ein Rätsel bleibt. Worin besteht aber das Geheimnis?

Zunächst wollen wir herauszufinden versuchen, ob Semmelweis mit seiner Entdeckung der Zeit vorauseilte. Vielleicht stand sie hoch über dem Wissensstand der Zeitgenossen, so daß sie einfach nicht verstanden und beurteilt werden konnte. Verfolgen wir deshalb den Inhalt und den logischen Aufbau der Semmelweisschen Arbeiten.

In seinem Bemühen, die Todesursachen seiner Patientinnen aufzuklären, bemerkte Semmelweis folgenden Umstand: In zwei Entbindungsheimen Wiens zeigte die Sterblichkeit an Kindbettfieber deutliche Unterschiede.[8] Semmelweis begann zu rechnen. 1846 waren in der ersten Klinik 459 von 4000 gebärenden Frauen gestorben, das heißt 11,4 Prozent, und in der zweiten Klinik lediglich 2,7 Prozent. Er begann die Krankheitsgeschichten der vorausgegangenen Jahre zu analysieren und mußte dabei feststellen, daß es auch vorher solche merkwürdigen Differenzen gegeben hatte. Offensichtlich lag hier der Schlüssel zur Lösung des Problems. Irgendein Umstand, der die erste Klinik von der zweiten unterschied, bestimmte das Schicksal der Gebärenden. Die atmosphärischen, kosmischen und tellurischen Einflüsse, denen zuweilen ein Ansteigen des Kindbettfiebers zugeschrieben wurde, waren in beiden Kliniken die gleichen. Also galt es, den Unterschieden nachzuspüren. Durch die Räume der ersten Klinik, die weit von der zweiten entfernt war, ging ein katholischer Geistlicher. Möglicherweise erregte sein Totenglöckchen die Patientinnen und wirkte sich nachteilig auf ihren Gesundheitszustand aus. Semmelweis glaubte nicht sehr an diese Möglichkeit, entschloß sich aber dennoch, „einen Versuch zu machen“: Er bat den Geistlichen, einen Nebeneingang zu benutzen und der Verstorbenen ohne Totenglöckchen zu gedenken. Natürlich änderte sich nichts. Wesentlich war, daß in der ersten Klinik Studenten praktizierten. Die endgültige Lösung des Problems wurde durch ein trauriges Ereignis begünstigt. Ein Freund von Semmelweis schnitt sich während einer Leichensektion in den Finger und starb daran. Semmelweis verblüffte die Ähnlichkeit, oder, wie er selbst schreibt, „die Identität“ der Krankheitsmerkmale, die er bei seinem Freund feststellte, mit denen, die ihm von den Frauen bekannt waren, die an Kindbettfieber gestorben waren. Mit einem Male war alles klar!

[8] Diese und die folgenden Angaben entstammen der neuesten und ausführlichen Biographie von Semmelweis [30].

Die Mediziner übertrugen mit ihren Händen Leichengift in die offenen Geburtswege der Frauen. Wie konnte man dies verhindern? Reichte es aus, sich einfach die Hände zu waschen? Semmelweis faßte den Entschluß, für das Händewaschen nach dem Sezieren unterschiedliche Flüssigkeiten auszuprobieren, und seine Wahl fiel schließlich auf eine Chlorkalklösung.

Der 28jährige Ignaz Semmelweis, Arzt im dritten Dienstjahr, teilte seine Schlußfolgerung dem Chef der Klinik, Professor Klein, mit und führte Ende Mai 1847 in der Klinik die antiseptische Methode der Händereinigung ein. Die Ergebnisse stellten sich sofort ein: die Sterblichkeit am Kindbettfieber betrug im April 18,3 Prozent, im Mai 12,2 Prozent, im Juni 2,4 Prozent und Ende des Jahres nur noch 0,19 Prozent. Im März und August 1848 gab es keinen einzigen Todesfall.

Was verhinderte nun aber die Anerkennung dieser Entdeckung? Die Antisepsis war natürlich neu und ungewohnt. Die Hände mußten dann gewaschen werden, wenn sie „schmutzig" waren, also nach der Operation, nach der Entbindung und nicht davor. Einige Jahre später schlug der englische Chirurg Lister auf Grund des gleichen Gedankens wie Semmelweis vor, die Hände vor der Operation zu waschen, was ihm seitens der Krankenhausverwaltung einen Tadel wegen unmäßig hohen Seifenverbrauchs einbrachte. Dennoch kann man sich kaum vorstellen, daß die Neuheit des Verfahrens tatsächlich die wahre Ursache der negativen Einstellung zu Semmelweis war. Die Geschichte der Medizin zeigt, daß neue Prozeduren von den Ärzten bereitwillig aufgegriffen werden, um so mehr, wenn sie einfach sind und Todesfälle abzuwenden vermögen.

Die Schlußfolgerungen von Semmelweis bedeuteten eine prinzipiell neue Interpretation der Pathogenese des Kindbettfiebers, die eine Reihe theoretischer Schwierigkeiten mit sich brachte. Diese Krankheit war seit je mit pathologischen Prozessen im Organismus der schwangeren beziehungsweise gebärenden Frau in Verbindung gebracht worden. Semmelweis zufolge hingen die Krankheitsursachen dagegen von den Manipulationen des Arztes ab. Ein schwacher Punkt in seiner Beweisführung war die Behauptung von der krankheitserregenden Wirkung des Leichengiftes. Diesen Umstand machten sich die Kritiker besonders zunutze. Dabei sahen sie nicht oder wollten sie nicht sehen, daß Semmelweis seine Konzeption sehr bald in wesentlichen Punkten geändert hatte und immer wieder betonte, daß jedwede Fäulnisstoffe, die auf die offenliegenden Geburtswege der gebärenden Frau geraten, Kindbettfieber hervorrufen können. Außerdem gilt es zu bedenken, daß sich dies alles vor dem Entstehen der Bakteriologie, also vor den Arbeiten

Pasteurs zutrug. Die empirische Verallgemeinerung, die auf der theoretischen Ebene vorgenommen wurde, trug also spekulativen Charakter, und es ist den Wissenschaftlern nicht zu verdenken, wenn sie sie nicht anerkannten. Aber selbst die theoretische Interpretation von Semmelweis konnte nicht die Ursache jener Reaktion sein, die seine Arbeiten ausgelöst hatten.

Man brauchte der Interpretation von Semmelweis nicht zuzustimmen. Aber schließlich hatte er keine Theorie, sondern eine praktische Methode vorgeschlagen. Diese Methode war einfach, sie führte nachweisbar zum Erfolg, und dennoch wurde sie nicht anerkannt. Es sei hier daran erinnert, daß für die medizinische Praxis die Nützlichkeit einer Methode ausschlaggebend ist und nicht, ob ihr Wirkungsmechanismus erklärt ist. So ist beispielsweise bis heute nicht ganz genau bekannt, warum Pyramidon bei Kopfschmerzen hilft und Senfpflaster gut gegen Bronchitis sind, was allerdings die Ärzte keinesfalls hindert, ihre Verwendung zu propagieren.

Die theoretischen Einwände waren offenbar nur ein Vorwand, um die Polemik gegen Semmelweis zu rechtfertigen. Zum Beweis dessen läßt sich folgendes Argument anführen. 1867, also zwei Jahre nach dem Tode Semmelweis' in der psychiatrischen Klinik, erschien der Artikel von Lister „Über das antiseptische Prinzip in der praktischen Chirurgie". Der grundlegende Unterschied gegenüber den Arbeiten von Semmelweis bestand nicht darin, daß Lister die Antisepsis für die gesamte chirurgische Praxis vorschlug oder statt Chlorkalk Karbolsäure verwendete; von prinzipieller Bedeutung war vielmehr, daß seine Konzeption in theoretischer Hinsicht einwandfrei war. Er berief sich auf Pasteur und brauchte nicht mehr über nichterfaßbare Miasmen, Leichengift oder Fäulnisstoffe nachzudenken. Die Ursachen des Wundfiebers konnten jetzt unter dem Mikroskop beobachtet werden.

Die für das menschliche Leben so bedeutsame Methode erfuhr schließlich ihre theoretische Begründung, und damit schien jeden weiteren Argumenten gegen sie der Boden entzogen. Aber dennoch blieben die Gegenstimmen und der Widerstand, und „. . . die Londoner Chirurgen beförderten wie ehedem ihre Patienten ins Jenseits. Der Listerismus war ihnen zuwider . . ." [31]. Und wieder war der Hauptgegner der Antisepsis ein bedeutender Chirurg, Sir Simpson, den man kaum einer rückschrittlichen Haltung bezichtigen kann, denn er hatte die Narkose mit Chloroform eingeführt (und kannte aus eigener Erfahrung die Macht der Stupidität), ein neues Verfahren der Blutstillung vorgeschlagen und eine Reihe neuer Instrumente erfunden beziehungsweise vorhandene verbessert. Und wiederum sind die Medizinhistoriker bemüht, seinen Widerstand gegen Lister zu verstehen und diese „einzige dunkle Seite im Leben Simpsons“ zu erklären, der „zwar die hervorragenden Leistungen von Semmelweis in Wien kannte, aber aus irgendeinem Grund ihre Bedeutung übersah. Dies scheint um so erstaunlicher, als J. Simpson eine der größten Autoritäten auf dem Gebiete der Geburtenhilfe seiner Zeit war, und die Entdeckung der Chloroformnarkose in bedeutendem Maße seinen Bemühungen zu verdanken war, die Geburtswehen zu lindern“ [31].

Somit kann auch das Niveau der theoretischen Begründung nicht als Ursache für die negative Einstellung zu den in praktischer Hinsicht so wertvollen Empfehlungen von Semmelweis angeführt werden. Die Fragezeichen in den Arbeiten zur Geschichte der Antisepsis zeigen an, daß hier ein Problem verborgen ist. Gortvay und Zoltan halten die Einstellung zu Semmelweis für den „beispiellosesten Fall in der Geschichte der Medizin, wo eine an klaren Fakten und unwiderlegbaren praktischen Ergebnissen bewiesene Doktrin . . . von größten Autoritäten abgelehnt wurde, obwohl gerade sie den Menschen viel Unglück erspart hätte“. Gortvay und Zoltan sehen die Ursache in einem „instinktiven Widerstand gegen neue Ideen“, in den theoretischen Schwierigkeiten der Semmelweisschen Konzeption, in der Spezifik seines Charakters, in „der persönlichen Abhängigkeit seiner Kollegen“ und in der ungünstigen politischen Atmosphäre, in der ein Vertreter des kleinen, von der österreichischen Monarchie unterdrückten Ungarn kurz nach der Revolution von 1848/49 kaum auf eine positive Bewertung seitens der Wiener Gelehrtenwelt hoffen durfte.

Wir glauben, daß der wesentliche, wenn nicht gar wichtigste Grund für die negative Einstellung der medizinischen Öffentlichkeit zur Entdeckung von Semmelweis ein psychologischer Faktor war. Die Ärzte waren „richtig“ vorgegangen. Sie hatten schließlich nur das wiederholt, was sie bei ihren Lehrern gesehen hatten, und hatten somit die Normen der medizinischen Wissenschaft nicht verletzt. Und plötzlich macht sie ein gewisser Semmelweis für die Mängel dieser Wissenschaft persönlich verantwortlich und will, daß sie ihre persönliche Schuld am Tode ihrer Patientinnen zugeben. Dies folgte nicht nur logisch aus dem Postulat von Semmelweis; er schrieb darüber ganz offen: „Mein Gewissen hatte mir gesagt, daß ich mich am Tode all derer für schuldig befinden muß, und Gott allein kennt ihre Zahl, die infolge meiner Inaktivität gestorben sind. Viele Geburtshelfer sind noch weit häufiger als ich mit Leichen in Berührung gekommen . . . Wie quälend und bitter diese Tatsache auch sein mag, sie läßt sich nicht mehr leugnen. Nein, es gibt nur noch einen Ausweg: Allen jenen die Wahrheit zu sagen, die sie betrifft“ [30]. Dies war die Stimme des Gewissens eines jungen Arztes, die jedoch seinen Kollegen als schwere Anklage erscheinen mußte.

Dreizehn Jahre lang hoffte Semmelweis, daß sich die praktische Bedeutung seiner Methode selbst den Weg bahnen werde. Aber nichts dergleichen trat ein. Da sich Semmelweis selbst dafür verantwortlich fühlte, daß immer noch Mütter am Kindbettfieber starben („Das Stöhnen der Sterbenden ist lauter als der Schlag meines Herzens“), begann er, seine Methode aktiv zu propagieren. Zunächst schrieb er ein Buch, und dann verfaßte er offene Briefe. Sie waren an die größten und anerkanntesten Spezialisten gerichtet, die die Bedeutung seiner Arbeiten geleugnet hatten. Die offenen Briefe klagten die sich seiner Methode widersetzenden Professoren schonungslos an, daß sie persönlich für den Tod ihrer Patientinnen verantwortlich seien. Für die härtesten Widersacher gab es kein Pardon. In einem Brief an Professor F. W. Scanzoni erinnert Semmelweis mit kaum verhohlener Erbitterung an die bereits allgemein bekannten Tatsachen, die die Hypothese Scanzonis von den „atmosphärischen“ Ursachen des Aufflackerns des Kindbettfiebers widerlegten, und zugleich an die „mathematische Exaktheit“ seiner eigenen Argumente. „Wenn Sie meine Lehren für falsch halten, so muß ich Sie, Herr Hofrat, bitten, den Beweis zu erbringen, daß sie falsch sind ... Wenn Sie aber meine Lehren anerkennen und ihnen uneingeschränkt folgen, so haben Sie die Güte, dies öffentlich zu tun, nicht mir zur Befriedigung, als vielmehr den Studenten, die auf der Grundlage Ihrer Lehren tagtäglich in den Hospitälern an Leichen praktizieren, zur Unterweisung ... Wenn Sie aber, Herr Hofrat, ohne meine Lehren widerlegt zu haben, mit Ihren Schriften fortfahren ... und wenn Sie, Herr Hofrat, ohne meine Lehren widerlegt zu haben, Ihre Studenten und Studentinnen weiterhin so lehren wie bisher, so klage ich Sie vor Gott und den Menschen des Mordes an, und die Geschichte des Kindbettfiebers wird nicht die Schuld von Ihnen nehmen, daß Sie der erste Gegner meiner das menschliche Leben rettenden Lehren waren und wird Sie zum Nero der Medizin stempeln.“

Die Stimme des Gewissens hatte die Öffentlichkeit in Erregung versetzt. Wissenschaftliche Artikel wurden zu Pamphleten und Kollegen zu Gegnern. Die Tätigkeit Semmelweis’ hatte einen antikollegialen Charakter angenommen.

Man darf annehmen, daß diese beiden Faktoren – das psychologisch begründete Bestreben der Geburtshelfer, sich selbst nicht als Mörder zu sehen, und der soziologische Faktor gegnerischer Beziehungen – eine außerordentlich bedeutende, wenn nicht die entscheidende Rolle im

Schicksal der Semmelweisschen Entdeckung spielten. Es ist sehr aufschlußreich, daß seine Methode in einer Reihe von Fällen übernommen wurde, ohne daß dies offen zugegeben wurde [30]. So teilte zum Beispiel Professor Braun in einem Vortrag vor der Medizinischen Gesellschaft in Wien mit, daß eine geringere Belegung der Räume im Verein mit neuen Heiz- und Ventilationssystemen die Sterblichkeit an Kindbettfieber im Jahre 1863 gesenkt habe. Professor Braun hatte dabei aber als Gegner von Semmelweis wissentlich verschwiegen, daß 1863 in seiner Klinik bereits Chlorkalklösung verwendet wurde.

Die Geschichte der Antisepsis offenbart eine Art extreme Variante der Situation. Infolgedessen treten hier gewisse Faktoren, die für die Aufnahme einer wissenschaftlichen Entdeckung wesentlich sind, besonders klar hervor. „Trägheit" und „Routine" können sowohl psychologische Ursachen haben, nämlich den intuitiven Wunsch, nicht die Verantwortung für die Mängel der eigenen Wissenschaft zu tragen (die Verantwortung vor sich selbst und vor seinen Vorgängern), als auch durch soziologische Faktoren bedingt sein, zum Beispiel durch die Wechselwirkung zwischen dem Individuum und der Gelehrtenwelt.

Abschließend sei darauf hingewiesen, daß eine irrige Einstellung zu einer wissenschaftlichen Entdeckung im nachhinein leicht als solche erkannt werden kann. Die Wissenschaft bewegt sich gewissermaßen mit dem Rücken zur Zukunft. Nach jedem Schritt liegt der zurückgelegte Weg im Blickfeld. Wer sich schneller bewegt und seine Zeitgenossen überholt, tritt aus dem Gesichtskreis heraus und bleibt unbemerkt.

Die Voraussicht ist eine der wichtigsten Aufgaben der Wissenschaft. Ihr Prinzip wurde sehr treffend von Lévy-Brühl formuliert: Man muß verstehen, um vorauszusehen und voraussehen, um zu beherrschen. Die Voraussicht wurde von der Menschheit immer hoch eingeschätzt. Nicht ohne Grund haben die alten Griechen dem Epimetheus, dem „zu spät Bedenkenden", seinen Bruder Prometheus, den Seher, entgegengestellt, dem es gegeben war, das Künftige vorauszusehen. Aufgabe der Einzelwissenschaft ist es, auf ihrem jeweiligen Feld Vorhersagen zu treffen; Aufgabe der Wissenschaftswissenschaft ist es, die Entwicklung der Wissenschaft insgesamt zu prognostizieren, um sie leiten zu können und insbesondere jene Verluste zu vermeiden, die ihr und der ganzen menschlichen Gesellschaft durch die Verzögerung der Aufnahme wissenschaftlicher Entdeckungen erwachsen können.[9]

[9] Ich nutze die Gelegenheit, um L. M. Šabad zu danken, von dem die These vom antikollegialen Charakter der offenen Briefe Semmelweis' stammt. Gedankt sei ebenfalls J. M. Vasil'ev für seine Unterstützung bei der Korrektur des Manuskripts.

Literatur

[1] Saljamon, L. S., K voprosu o klassifikacii naučnoj raboty, in: Problemy dejatel'nosti učenych i naučniych kollektivov, Bd. II, Leningrad 1969

[2] Morgan Th., The scientific basis of evolution, London 1932

[3] Saljamon, L. S., O filosofii emocionalno-estetičeskich processov, in: Sodružestvo nauk i tajny tvorčestva, Moskau 1968

[4] Ferenzi, A., Tumorbehandlung mit Roten Rüben, in: Zeitschrift für die gesamte innere Medizin, Nr. 8/1959

[5] Planck, M., Wissenschaftliche Selbstbiographie, Leipzig 1948

[6] Griffith, F., Significance of pneumococcal types, in: Journal of Hygiene, Bd. 27, 1928

[7] Knunjanc, I. L., Alichanjan, S. I., Vorwort zu: Molekuljarnaja genetika, Moskau 1963

[8] Crick, F., K rasšifrovke genetičeskogo koda, in: Živaja kletka, Moskau 1962

[9] Petrov, M. K., Rol' količestva publikacij v motivacii naučnogo tvorčestva. Thesen zum Symposium „Problemy dejatel'nosti učenych i naučnych kollektivov", Leningrad 1969

[10] Bechterev, V. M., Obščie osnovy refleksologii čeloveka, Moskau/Leningrad 1928

[11] Pavlov, I. P., Der bedingte Reflex, in: Sämtliche Werke, Bd. III/2, Berlin 1953, S. 536ff.

[12] Šabad, L. M., Očerki eksperimentalnoj onkologii, Moskau 1947

[13] Podvysockij, V. V., Novye točki zrenija dlja obosnovanija teorii razdraženija pri proischoždenii rakov i drugich zlokačestvennych opucholej, in: Russkij vrač, Nr. 22/1908

[14] Marie, P., Clunnet, J., Raulot-Lapointe, G., Contribution à l'étude développement des tumeurs malignes sur les ulcéeres de roentgen, in: Bulletin de l'association française pour l'étude du cancer, Bd. 3, 1940

[15] Marie, P., Clunnet, J., Raulot-Lapointe, G., Nouveau cas de tumeur maligne provoquée par une radiotermite expérimentale chez le rat blanc, in: Bulletin de l'association française pour l'étude du cancer Bd. 5, 1912

[16] Rossijskij, D. M., Vorwort zu: L. V. Sobolev: K morfologii podželudočnoj zelezy, Moskau 1950

[17] Trendelenburg, P., Die Hormone, Berlin 1929–1934; die russische Ausgabe des zweiten Bandes erschien 1936

[18] Kuznecov, A. I.: Kravkov, N. P., Moskau 1948

[19] Bernard, C., Lekcii po eksperimentalnoj patologii, Moskau-Leningrad 1937

[20] Sobolev, L. V., K morfilogii podželudočnoj železy, Moskau 1950

[21] Mering, J., Minkowski, O., Diabetes mellitus nach Pankreasexstirpation, in: Zentralblatt für klinische Medizin, Nr. 23/1889

[22] Pasteur, L , Izbrannye trudy, II, Moskau 1960
[23] Vallery-Radot, R., La vie de Pasteur, Paris 1900
[24] Zavadovskij, M., L. Pasteur, Moskau 1934
[25] Bernal, J. D., Die Wissenschaft in der Geschichte, Berlin 1967
[26] Runin, B. M., Spor o „Kalliope“ i ego suščnost’, in: Tezisy simpoziuma po kompleksnomu izučeniju chudožestvennogo tvorčestva, Leningrad 1963
[27] Vozmožnoe i nevozmožnoe v kibernetike, Moskau 1964
[28] Samner, G., Somers, T., Chimija fermentov i metody ich issledovanija, Moskau 1948
[29] Dixon, M., Webb, E. C., Enzymes, London 1958
[30] Gortvay, G., Zoltan, J., Semmelweis, His life and work, Budapest 1968
[31] Masters, D., Pobeda nad boleznjami, Moskau-Leningrad 1927
[32] Meyer-Steineg, Th., Sudhoff, K., Geschichte der Medizin, Jena 1922

V. V. Maksimov

Individuelles und Kollektives in der Aufnahme wissenschaftlicher Informationen

„In den Aufsätzen, die wir in wissenschaftlichen Zeitschriften veröffentlichen, pflegen wir unsere Arbeit in eine möglichst abgeschlossene und glatte Form zu bringen, indem wir sämtliche Spuren unserer Anstrengungen verwischen, die Sackgassen, die sich auftaten, vergessen und nicht mehr daran denken, wie wir zunächst einen falschen Weg beschritten haben“ [1, S. 193]. Angenommen, „das Verwischen der Anstrengungen, Sackgassen und Irrwege“ bliebe tatsächlich ein Geheimnis des geistig-schöpferischen Laboratoriums des Wissenschaftlers, dann würde die Gesamtheit der wissenschaftlichen Beiträge, die entsprechend dieser Einstellung (beziehungsweise entsprechend der Norm, nach der eine wissenschaftliche Publikation der Gesellschaft vorzulegen ist) zustandekommen, unweigerlich ein ausgewogenes, „glattes“ System darstellen.

Möglicherweise verhielte es sich in der Tat so, wenn nicht die Kollegen des Autors wären, oder genauer gesagt: wenn diese die betreffende Publikation nicht in spezifischer Weise aufnehmen würden. Gerade in der Art und Weise aber, wie die Kollegen einen Beitrag – unabhängig vom Grad seiner „Glattheit“ – aufnehmen, werden die Vorzüge oder Mängel der Arbeit des Autors um ein Vielfaches verstärkt und zugespitzt, wird ein großer Erfolg mitunter um ein Vielfaches geschmälert, wächst sich ein mikroskopisch kleiner Fehler zu einem Irrtum gigantischen Ausmaßes aus, wird eine partielle Gesetzmäßigkeit begeistert zu einem allgemeinen Naturgesetz erhoben und wird das letztere in dem leidenschaftlichen Bestreben geleugnet, daß noch Platz bleiben möge für das eigene Wort, das man in der Wissenschaft zu sprechen wünscht. Selbstverständlich werden im Einklang mit der historischen Logik der Wissenschaftsentwicklung früher oder später sowohl die objektive Wahrheit einer Entdeckung als auch die Namen derer festgestellt, die die Entdeckung richtig und rechtzeitig aufgenommen und bewertet haben. Die Wissenschaftsgeschichte kennt jedoch nicht wenige Zeugnisse dafür, wie beim Übergang von einem Wissen zu einem anderen, tieferen und umfassenderen „der Glaube an eine festgefügte und durch die Erfahrung glänzend bestätigte Theorie derart stark ist, daß das Neue zunächst oft absurd und paradox erscheint und auf heftige Gegenwehr stößt“ [2, S. 20].

Die Aufnahme wissenschaftlicher Informationen hängt eng mit der Struktur der Vorstellungen und Überzeugungen des jeweiligen Wissenschaftlers zusammen, mit der kategorialen Struktur seines Denkens sowie mit seinen sozialen Eigenschaften und Motivationen. Doch auch für Wissenschaftler gilt, daß „ein Krieger noch keine Armee ist“; erst die Gesamtheit der Wissenschaftler, die „Vielzahl individuell gearteter Zentren, in denen jeweils ein eigenes Programm abläuft“ [3, S. 50], bildet jenes System der sozialen Aufnahme einer Entdeckung, das letztlich über ihr Schicksal entscheidet.

Bildlich gesprochen ist auf jede wissenschaftliche Mitteilung eine Menge kritischer Mündungen gerichtet, die sowohl mit Blumen der Anerkennung als auch mit Kugeln vernichtender Kritik geladen sind. Dennoch wird kein Wissenschaftler darauf verzichten, ein „neues Wort“ kundtun zu wollen und die Front seiner Kollegen in Erwartung ihrer Kritik und ihrer Anerkennung abzuschreiten. Die Aufnahme wissenschaftlicher Informationen ist ein entscheidender Faktor, der nicht nur das Schicksal einer Einzelentdeckung, sondern zuweilen auch das einer ganzen wissenschaftlichen Richtung bestimmt. Sie liegt nicht nur der Bewertung wissenschaftlicher Leistungen zugrunde, sondern ist zugleich ein wichtiger Bestandteil in allen Etappen der Tätigkeit eines Wissenschaftlers, angefangen bei seiner Ausbildung bis hin zum schöpferischen Hervorbringen neuer wissenschaftlicher Ideen: 90 bis 92 Prozent der in wissenschaftlichen Publikationen enthaltenen Verweise beziehen sich auf Arbeiten anderer Autoren. Offensichtlich bestimmt die Art und Weise, wie die Arbeiten anderer aufgenommen werden, in hohem Maße die Entwicklung des eigenen schöpferischen Denkens, die Fixpunkte des wissenschaftlichen Suchprozesses und der Beweisführung.

Unter den Bedingungen der Informationsexplosion nimmt die Anzahl der Entdeckungen von Jahr zu Jahr zu. Das frühere Entwicklungstempo von Wissenschaft und Gesellschaft war dadurch gekennzeichnet, daß die Anerkennung einer wissenschaftlichen Entdeckung in der Regel etwa 10 Jahre nach dieser selbst erfolgte. Mit wachsendem Entwicklungstempo der Wissenschaft nimmt der Aufnahmemechanismus wissenschaftlicher Entdeckungen an Bedeutung zu, also jener Mechanismus, der die operative Bewertung von Entdeckungen, der Perspektiven wissenschaftlicher Richtungen und der Situation in der Wissenschaft insgesamt gewährleistet.

In der heutigen Gesellschaft entscheidet die Auswahl einer wissenschaftlichen Richtung zugleich über die Aufwendungen an menschlicher Arbeitskraft und finanziellen Mitteln. Die richtige Wahl der Forschungsrichtungen hängt aber vor allem von dem Vermögen ab, die Situation in der Wissenschaft, die erzielten Ergebnisse und die vorhandenen Möglichkeiten adäquat und rechtzeitig einzuschätzen.

Wie und auf welchen Wegen können die Gesetzmäßigkeiten aufgedeckt werden, denen die Aufnahme wissenschaftlicher Entdeckungen folgt; wie können die Ursachen ergründet werden, die die Metamorphosen dieser Aufnahme bestimmen und wie kann folglich im vorhinein gesagt werden, welche Bewertung einer wissenschaftlichen Entdeckung die objektiv wahre Variante ist?

Bevor wir eine Antwort auf diese Frage zu geben suchen, sei vorgeklärt, warum das Phänomen der Aufnahme einer wissenschaftlichen Entdeckung, das doch unzweifelhaft das Schicksal der Entdeckung faktisch mitbestimmt, bisher der Aufmerksamkeit derer entgangen ist, die das wissenschaftliche Schöpfertum erforschten. Es scheint uns heute selbstverständlich zu sein, daß der Prozeß der Aufnahme einer „neuen Idee“ nicht ausschließlich auf dem „alten“ System von Begriffen und Vorstellungen beruhen kann, sondern daß an ihm ein schöpferisches Element teilhat.

M. G. Jaroševskij konnte zeigen, daß die Forscher, die bisher das wissenschaftliche Schöpfertum untersuchten, sich eigentlich auf „Umwege“ begaben, da sie folgende Hindernisse nicht zu überwinden vermochten:

a) die ahistorische Interpretation des Intellekts und der Persönlichkeit in den psychologischen Modellen des Schöpfertums (J. P. Guilford);

b) die objektiv-idealistische Vorstellung, daß die wissenschaftlichen Kenntnisse vom erkennenden Subjekt unabhängig seien (K. Popper);

c) den Psychologismus, der die Einstellung und die Struktur der Persönlichkeit zum Urprinzip der Erkenntnis macht, ohne dabei zu berücksichtigen, daß der Gegenstand der schöpferischen Tätigkeit in seiner historischen Entwicklung auf die Persönlichkeit zurückwirkt [3, S. 44–49].

Die Aufnahme wissenschaftlicher Informationen war außerhalb des Gesichtskreises der Forscher geblieben, die sich mit den schöpferischen Prozessen beschäftigten, weil ihre Rolle im Schaffensprozeß des Wissenschaftlers und ihre Einwirkung auf die Dynamik der wissenschaftlichen Kenntnisse nur durch das Prisma der historischen Perspektive sichtbar werden und dann, wenn „in der ganzheitlichen Vorstellung alle drei voneinander nicht zu trennenden Aspekte der Wissenschaftsentwicklung beziehungsweise der Entwicklung des Wissenschaftlers erfaßt werden: der logische, der soziale und der psychologische“ [4, S. 12].

Wenn wir hier den Versuch unternehmen, die wissenschaftliche Aufnahme von Entdeckungen anhand der Aufnahme wissenschaftlicher Informationen zu analysieren, so gehen wir davon aus, daß die mit der Aufnahme der letzteren verbundenen Prozesse im gewissen Sinne ein Modell auch für die Aufnahme von Entdeckungen abgeben können. Zumindest zeigt die Geschichte „vorzeitiger“ Entdeckungen, daß Mitteilungen und Publikationen über derartige Entdeckungen lange Zeit als „gewöhnliche“ wissenschaftliche (und zuweilen sogar als „antiwissenschaftliche“) Informationen gelten.

In der vorliegenden Untersuchung des Wechselverhältnisses zwischen individueller und kollektiver Aufnahme sind wir bestrebt, zwei Extreme zu vermeiden: einerseits ein phänomenologisches Herangehen an die Aufnahme wissenschaftlicher Informationen, das die individuelle Spezifik der schöpferischen Aufnahme bei einem genialen Wissenschaftler akzentuiert, und andererseits ein statistisches Herangehen, in dem alle individuellen Aufnahmen unifiziert werden (ein Beispiel dafür sind die bekannten Versuche, Veröffentlichungen anhand der Menge der auf sie bezogenen Verweise zu bewerten). Es ist an der Zeit, diese beiden Verfahren durch eine Synthese von ihrem wechselseitigen Widerspruch zu befreien.

Unter den zahlreichen Problemen, die die heutige Wissenschaft im Zusammenhang mit der Informationstätigkeit der Wissenschaftler der Psychologie aufgibt, ist die Aufnahme wissenschaftlicher Informationen ein Problem, das die Untersuchung und Erklärung des Zusammenhanges zwischen Informationsverbrauch und Schöpfertum des Wissenschaftlers erfordert [5, S. 9–10]. Es ist ganz natürlich, daß es zwischen diesen beiden Prozessen Wechselbeziehungen gibt: der Informationsverbrauch erbringt ein schöpferisches Resultat, und der schöpferische Prozeß bestimmt die Auswahl der vom Wissenschaftler angeforderten und verbrauchten Informationen. Veränderungen in der Aufnahme wissenschaftlicher Informationen haben folgende Ursachen:

1. die Variabilität der individuellen schöpferischen Betrachtungsweise des zu untersuchenden Objekts, die ihrerseits eine Folge dessen ist, daß an ihm immer neue Merkmale entdeckt werden;
2. die divergierende Wirkung der vom Wissenschaftler im Verlaufe einer Untersuchung herangezogenen Informationen.

Man darf annehmen, daß sich in der eigenartigen Konstanz der Aufnahme wissenschaftlicher Informationen auf komplizierte Weise die

Wechselwirkung zwischen den strukturellen und dynamischen Besonderheiten der wissenschaftlichen Vorstellungen der jeweiligen Gesellschaft einerseits und den individuellen schöpferischen Beiträgen ihrer Mitglieder andererseits widerspiegelt. Dabei verstehen wir unter den individuellen schöpferischen Beiträgen sowohl Beiträge zur Entwicklung der wissenschaftlichen Vorstellungen (insbesondere neue wissenschaftliche Ideen) als auch die individuelle Aufnahme dieser Ideen durch einzelne Wissenschaftler.

Ausgehend von den oben formulierten Thesen, daß die Entdeckung eine besondere Form der wissenschaftlichen Information ist und die Aufnahme wissenschaftlicher Informationen ein Prozeß, der organisch in den gegenständlich-historischen Kontext der Tätigkeit des Wissenschaftlers eingebettet ist, haben wir einige bekannte Daten über das „Zitierverhalten" [1] von Wissenschaftlern zusammengestellt.

Wir gehen davon aus, daß das Zitieren die einzige „offene" Verhaltensform des Wissenschaftlers ist, in der die Aufnahme von Informationen explizit sichtbar wird. Natürlich kann der Wissenschaftler seine wahre Einstellung zu dieser oder jener wissenschaftlichen Quelle verschleiern und sogar den Anschein erwecken, daß er von bestimmten Publikationen keine Kenntnis hat. Und doch kann er nicht umhin, sein Gesicht der wissenschaftlichen Öffentlichkeit zu enthüllen und seine Kollegen damit wissen zu lassen, mit wem sie es zu tun haben.

Das Spektrum des Verhaltens eines Wissenschaftlers zu den Forschungsergebnissen und Ideen anderer – es reicht von der uneingeschränkten Anerkennung bis zur kategorischen Ablehnung – ist eine Art „Visitenkarte", die die anderen Wissenschaftler in bestimmter Weise auf ihn und seine Untersuchungen reagieren läßt. Die Teile wissenschaftlicher Publikationen, die als „Verweise" bezeichnet werden, bieten einen Querschnitt durch die komplizierten Beziehungen, durch die der betreffende Wissenschaftler mit seinem unsichtbaren wissenschaftlichen Kollektiv verknüpft ist. Umfang und Inhalt dieser Beziehungen unterliegen den bisher noch nicht erforschten Normen des Zitierverhaltens [6, S. 179–184]. Offensichtlich überkreuzen sich darin die gegensätzlichen Forderungen nach Schutz der „individuellen Autorenrechte" (im Sinne der wissenschaftlichen Anerkennung und des Rechts auf Priorität) und nach dem Recht auf freie Nutzung fremder Ideen und Entdeckungen, die als Allgemeingut der Wissen-

[1] Der Terminus „Zitierverhalten" (engl.: „citation-behaviour") bezeichnet das Verhalten eines Wissenschaftlers zum Zitieren, sowie seines Verhältnis zu Zitaten und Verweisen usw.

schaft gelten. Die individuelle Aufnahme zeigt sich im Verweisapparat einer wissenschaftlichen Veröffentlichung (siehe Tabelle 1). Ohne Berücksichtigung des Textes der Publikation und ohne Analyse der zitierten Arbeiten ist der Verweisapparat jedoch nichts weiter als eine Gesamtheit zufälliger Zahlen und Indizes.[2]

Zeitschriftenkode zu den Tabellen 1 und 2

SET Soviet Physics ŽETP
SSS Soviet Physics FTT
STP Soviet Physics ŽTF
AP Annalen der Physik
ZP Zeitschrift für Physik
PS Physics
JFI Journal of the Franklin Institute

Tabelle 1 *

Der Verweisapparat einer Publikation von V. A. Fabrikant mit den Indikatoren der Zitatrelationen (zur individuellen Aufnahme)

„Doklady AN SSSR", 1938, Bd. 20, Nr. 6, S. 441

30	ZP	65	167	1	2	H	*Koppfermann*	1345	R 13	L 15	M 1	T 3
36	ZP	101	604	2	1	K	*Krebs*	1	L 1	M 1		
37	AP	28	649	3	1	K	*Schon*	1	L 1	M 1		
31	AP	11	817	4	2	R	*Seeliger*	1	J 1			
25	JFI	200	563	5	1	J	*Townsend*	34	M 3			
33	ZP	81	576	6	1	M	*Druyvestein*	1	M 1			
32	AP	15	300	7	2	A	*Lompe*	1	M 1			
38	DAN	19	385	8	1	V	*Fabrikant*	45	M 4	S 5		
37	DAN	17	245	9	1	V	*Fabrikant*	15	M	L 15		
30	ZP	65	189	10	2	K	*Ladenburg*	1	L 1	Q 3	(–)	
30	PS	5	90	11	1	D	*Dorgelo*	13	M 13			
38	ZP	109	312	13		M	*Kruse*	1	L 1			

* Entschlüsselung der Tabelle 1 siehe Seite 151

[2] Allerdings gebührt den wissenschaftswissenschaftlichen Arbeiten, die sich mit so wichtigen Elementen von Veröffentlichungen befassen, wie es Verweise und Zitate nun einmal sind, gebührende Aufmerksamkeit. Gegenüber einer globalen Summierung von Veröffentlichungen, wie sie in [8] angeführt ist, war die Untersuchung der statistischen Gesetzmäßigkeiten des Zitierens [9; 7] ein wesentlicher Fortschritt in der Erforschung der inneren Mechanismen der Wissenschaft. Inzwischen sind jedoch auch statistische Bewertungen allein schon nicht mehr ausreichend.

Tabelle 2*

Fragment aus „Citations of Physics Literature“ mit den Indikatoren der Zitatrelationen (zur sozialen Aufnahme) (Physical Review 1948, Bd. 73)

155	1	C	*Kittel*									
56	SET	2	703	6	1	A	I	*Pilshchikov*	58	L 5	N 5	P 5 (+)
58	SET	6	11155	12	1	V	L	*Gurevich*	45			
60	SSS	2	332	4	1	S	V	*Tyablikov*	55	M 4	(5)	
61	SET	12	1111	1	2	A	S	*Shur*	138	O 4		
61	SSS	2	1805	12	1	S	V	*Tyablikov*	5	S 5	(5)	
62	SSS	4	1165	8	1	E	N	*Yakovlev*	4568	M	(5)	
62	STP	7	316	1	2	D	I	*Mash*	1358	M 4	(35)	
63	SSS	4	1282	5	1	V	L	*Beshidze*	345	M 5		
63	STP	7	820	6	2	D	I	*Mash*	12358	M 4	(2)	

* Entschlüsselung der Tabelle 2: Die Arbeit von S. Kittel (Physical Review, 1948, Bd. 73, S. 155) wurde in Verweis 6 des Artikels von A. I. Pil'ščikov (ŽETF, Bd. 2, 1956, S. 703) zitiert; bei der Beschreibung eines experimentellen Verfahrens (8) vergleicht (L) der Autor die Berechnungen (5) von S. Kittel, modifiziert sie (N) und erzielt eine größere (+) Genauigkeit der Ergebnisse (P).

Schlüssel zur Dechiffrierung der Tabellen 1 und 2

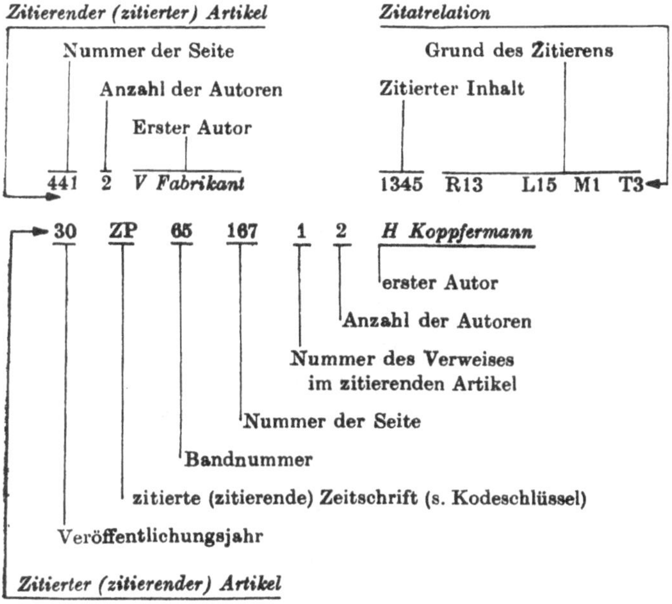

Schlüssel zu den Indikatoren der Zitatrelationen

Inhalt der Verweise:

1 die vom Autor beobachteten Erscheinungen, ihre Beschreibung; experimentelle Daten;
2 Umformung der Daten irgendwelcher Autoren;
3 Erklärung (logische Schlußfolgerungen aus Beobachtungsdaten, Theorien oder Hypothesen);
4 Theorie, Hypothese;
5 Berechnungen, die auf der Grundlage einer Theorie erfolgen;
6 Annahmen, Prognosen, Vorhersagen von Rechendaten;
7 Benennung, Definition;
8 experimentelle Methode; Nutzung von Voraussetzungen.

Relation (operationale) des Verweises zum Zitat:

J Erwähnung ohne klare Angabe eines Grundes;
K im zitierenden Artikel als Hauptmoment hervorgehoben;
L im Vergleich geprüft und verifiziert;
M angewandt, ausgenutzt;
N modifiziert, variiert;
O angewandt mit Alternative;
P andere Genauigkeit erzielt: größere (+), kleinere (—);
Q Anwendungsgebiet verändert; erweitert (+), eingeengt (—);
R bezweifelt;
S bestätigt;
T verworfen.[3]

Jedes einzelne Zitat hat natürlich seine speziellen Gründe und Motive. So zeigt beispielsweise eine Analyse des Inhalts der Arbeit, deren Verweisapparat in Tabelle 1 angeführt ist, folgendes: Den Publikationen von Druyvestein (Verweis 6), Lompe und Seeliger (7) hat der Autor lediglich die Ergebnisse von Sondenmessungen entnommen und sie für seine eigenen Berechnungen verwendet; die Arbeiten von Krebs (Verweis 2) und Schon (3) hat er mit (1) verglichen; den Artikel von Seeliger (4) erwähnt er ohne klare Nennung eines Grundes; bei der Arbeit von Ladenburg (10) hält er es für notwendig, den Anwendungsbereich der Ergebnisse einzuschränken, und schließlich verwirft er die von Ladenburg und Koppfermann in (1) angeführten Erklärungen einer physikalischen Erscheinung.

Ein in dieser Weise aufgestelltes Diagramm der Zitatrelationen gibt ein objektives Bild davon, wie der Autor die Arbeiten verschiedener

[3] Die in Tabelle 1 angegebenen Zitatrelationen sind nach dem Verfahren von Lipetz mit Indizes versehen, wobei die Buchstaben- und Ziffernbedeutungen beibehalten sind.

anderer Autoren aufnimmt, das heißt es verschafft uns einen Einblick in die Dynamik seiner eigenen Tätigkeit. Beschränkt man sich allein auf den Text der Veröffentlichung, so läßt sich kaum erklären, wie der Autor vor acht Jahren die von Ladenburg und Koppfermann gegebenen Erklärungen aufgenommen hat, die er heute ablehnt. Um dies zu klären, müssen zusätzliche Untersuchungen angestellt werden, die zeigen müssen, wie sich die Ansichten des Autors verändert haben und warum eine möglicherweise voraussehbare Ablehnung durch den Autor nicht schon früher eintrat. Diese Beziehungen eines Autors zu den Arbeiten anderer Autoren lassen sich kodieren, so daß man gewissermaßen die Möglichkeit erhält, die Zitatrelationen in Massiven wissenschaftlicher Veröffentlichungen festzuhalten und auf diese Weise die Verbindungen, die zwischen den einzelnen Wissenschaftlern bestehen, sichtbar zu machen.

Die oben in Vorschlag gebrachte „direkte Analyse" der Verweise eines einzelnen Wissenschaftlers auf eine Reihe von Arbeiten anderer Autoren wird dann besonders interessant, wenn man sie mit der „reziproken" Analyse vergleicht, die die Gesamtheit von Verweisen einer Gruppe von Wissenschaftlern auf ein und dieselbe Veröffentlichung erfaßt. Ein Beispiel einer solchen „reziproken" Analyse unterbreitet der amerikanische Forscher B. Lipetz [7, S. 86].

Zum Unterschied vom üblichen Zitatindex Garfields [8] ist der von B. Lipetz vorgeschlagene Index versehen mit „Indikatoren der Zitatrelation" (siehe Tabelle 2). Lipetz hat sich die Aufgabe gestellt, das exakte Verhältnis zwischen zitierendem und zitiertem Verweis zu beschreiben. Dabei wird nicht der gegenständliche Kontext exakt festgehalten, sondern vielmehr der Versuch unternommen, die wichtigsten Wege, auf denen ein Artikel weiterverwendet werden kann, zu ermitteln und ungefähre Kodes für die Verweise zu finden, um das in ihnen enthaltene Verhältnis des Autors zu den von ihm angeführten Zitaten angeben zu können. Lipetz weist darauf hin, daß diese Art der Indizierung zum Unterschied von den üblichen maschinell gewonnenen Zitatindizes eine hohe Qualifikation erfordert.

Trotz des rein pragmatischen Charakters der Aufgabe, die sich Lipetz gestellt hat, nämlich die Zitatrelationen durch entsprechende Indikatoren zu kennzeichnen[4], ist auch auf ihren psychologischen Aspekt auf-

[4] Lipetz weist darauf hin, daß die Idee des Indizierens der Beziehungen beim wissenschaftlichen Zitieren von Shepard stammt. Die Zitatindizes mit Relationsindikatoren, wie sie von Shepard vorgeschlagen wurden, werden im breiten Umfange in der juristischen Praxis bei der Bearbeitung von Erbschaftsangelegenheiten angewandt.

merksam zu machen. Aus psychologischer Sicht hilft ein Zitatindex mit Relationsindikation dem Wissenschaftler, aus dem Massiv der Publikationen jene auszuwählen, deren Autoren eine gewisse Beziehung zu den Ideen und experimentellen Daten haben, an denen er selbst interessiert ist. Mit anderen Worten, der Zitatindex mit Relationsindikatoren regelt die Aufnahme wissenschaftlicher Informationen, indem er dem Wissenschaftler die Gleichgesinnten, Konkurrenten und Gegner zeigt und ihn gleichzeitig, gewissermaßen „getestet" an einer einzigen Veröffentlichung, ausführlich darüber informiert, wie diese von anderen Wissenschaftlern aufgenommen wird.

Es ist uns zur Zeit leider nicht möglich, eine strenge psychologische Analyse der im Zitatindex speziell ausgewiesenen Beziehungen anzustellen. (Die Ziffern bezeichnen den allgemeinen Charakter des Verweisinhalts und die Buchstaben die Beziehung des Verweises zur zitierten Passage.)

Der Ausweis der Zitatbeziehungen im Zitatindex von Lipetz (siehe Tabelle 2) und im Verweisapparat einer Publikation in unserem Beispiel (siehe Tabelle 1) wurde unter Verwendung der oben angeführten Indexliste anhand der Texte der zitierenden Publikationen durchgeführt.

Die Liste der Indizes ist bereits von sich aus recht interessant und verdient eine spezielle psychologische Analyse. Es sei lediglich darauf hingewiesen, daß Lipetz sein Indexschema zwar nicht psychologisch begründet hat, ihm aber der Gedanke zugrunde liegt, daß zwischen der Aufnahme derselben Publikation durch zwei Autoren eine psychologische Übereinstimmung besteht. Einer der beiden Wissenschaftler hat seine Aufnahme der Information durch das Zitierverhalten in einer Publikation kundgetan, und der andere sucht mit Hilfe des Lipetzschen Zitatindexes eine Veröffentlichung, deren Autor eine ähnliche Aufnahme wissenschaftlicher Informationen wie er selbst zeigt.

Der von uns unternommene Versuch, die Zitatbeziehungen im Verweisapparat einer Publikation festzustellen, führt zu dem Gedanken, daß die Teile wissenschaftlicher Texte, auf Grund derer die Zitatbeziehungen ermittelt werden, Zonen psychologischer Gemeinsamkeiten sind [11, S. 47–53].

In dem vorliegenden Beitrag haben wir uns auf eine allgemeine vergleichende Analyse der Tabellen 1 und 2 beschränkt. Ihre Ähnlichkeit betrifft nicht allein die äußere Struktur des Verweisapparates einer Einzelpublikation und der Zusammenfassung der Verweise aus Arbeiten mehrerer Wissenschaftler auf ein und dieselbe Publikation.

Das eigentlich Gemeinsame besteht darin, daß sich die Zitatrelationen in beiden Fällen mit Hilfe des gleichen Verzeichnisses der Relationsindizes ausweisen lassen.

Während aber die elementaren Zitatrelationen in der Struktur des Verweisapparates und in der Zusammenfassung der Verweise offenbar den gleichen Gesetzmäßigkeiten unterliegen – in beiden Fällen handelt es sich um Beziehungen zu Veröffentlichungen anderer –, so zeigen die Strukturen selbst doch fundamentale qualitative Unterschiede.

Die Gesamtheit der Zitatrelationen im Verweisapparat einer Publikation (Spalte 9 und 10, Tabelle 1) ist vom psychologischen Standpunkt aus eine Ausdrucksform der individuellen Aufnahme wissenschaftlicher Informationen durch den einzelnen Wissenschaftler. Jede Publikation wird samt der in ihr enthaltenen Information vom Wissenschaftler aus der ihm eigenen Sicht jener Probleme aufgenommen, die er in seinem wissenschaftlichen Kollektiv zu lösen trachtet.

Die Gesamtheit der Zitatrelationen innerhalb der Verweiszusammenfassung (Spalte 9, 10 Tabelle 2) hingegen widerspiegelt die soziale Aufnahme einer wissenschaftlichen Information, die um so plastischer hervortritt, da sie auf eine einzige Publikation bezogen ist. Die soziale Aufnahme wissenschaftlicher Mitteilungen ist der Durchschnitt der Menge der individuellen Aufnahmen, bezogen auf ein bestimmtes gemeinsames Aufnahmeobjekt. Alle Vektoren der individuellen Sicht eines Objekts sind hier in einem Punkt zusammengeführt und auf eine einzige Veröffentlichung gerichtet. Doch ist ihre Resultante nicht die Summe der individuellen Aufnahmen, sondern vielmehr die Summe der partiellen Aufnahmen, die die individuelle Aufnahme durch einen einzelnen Wissenschaftler nicht vollständig widerspiegeln.

Deshalb besteht die Spezifik der sozialen Aufnahme wissenschaftlicher Informationen in ihrer „Anonymität“. Betrachtet man die Zitatrelation M 4 (Tabelle 2) aus der Sicht, daß sie die individuelle Aufnahme des Artikels von Kittel durch zwei Wissenschaftler (Tyablikov und Mash) widerspiegelt, so kommen in ihr ohne Zweifel die Besonderheiten ihrer Aufnahme in beiden Fällen zum Ausdruck. Betrachtet man die gleiche Relation M 4 aber aus der Sicht der sozialen Aufnahme, so ist sie eine Relation, die von den persönlichen Besonderheiten der sie bildenden Wissenschaftler absieht.

Somit bilden die individuelle und die soziale Aufnahme wissenschaftlicher Informationen zwei qualitativ unterschiedliche Ebenen, die in einer komplizierten Wechselwirkung miteinander stehen. Die Erforschung der Eigenarten und der Struktur dieser Wechselwirkung vermag die Ursachen aufzudecken, die zur rechtzeitigen Aufnahme oder zur Ablehnung einer Entdeckung durch die wissenschaftliche Öffentlichkeit führen.

Zahlreiche Fragen, die mit dem Problem der Aufnahme wissenschaftlicher Informationen zusammenhängen, konnten in diesem kurzen Beitrag nicht zur Sprache gebracht werden. Zu ihnen gehören beispielsweise die Sensibilität des Wissenschaftlers gegenüber einem bestimmten Problem, der Zusammenhang zwischen der wissenschaftlichen und der Persönlichkeitskomponente in der Tätigkeit des Wissenschaftlers und sein Einfluß auf die Aufnahme wissenschaftlicher Informationen, insbesondere die Rolle der persönlichen Beziehungen zum Autor einer Publikation. Eine große Bedeutung hat auch das Problem der historischen Entwicklung der Aufnahme wissenschaftlicher Informationen in der Ontogenese der Persönlichkeit sowie der sozialen Aufnahme im Laufe der Wissenschaftsentwicklung.

Literatur

[1] Feynman, R., The character of physical laws, London 1965. Hier zitiert nach R. Feynman: Charakter fizičeskich zakonov, Moskau 1968

[2] Tamm, I. E., Sovremennoe sostojanie problemy elementarnych častic, in: Vestnik AN SSSR, Bd. 10/1960

[3] Jaroševskij, M. G., Logika razvitija nauki i dejatel'nost učenogo, in: Voprosy filosofii, Nr. 3/1969

[4] Jaroševskij, M. G., Ivan Michajlovič Sečenov, Leningrad 1968

[5] Novikov, Ju. A., Psichologičeskie problemy v informatike, in: Naučno-techničeskaja informacija, Serie 2, Nr. 1/1969

[6] Kaplan, N., Norms of citation behaviour, Prolegomena to the footnote, in: American Documentation, Bd. 16, Nr. 3/1965

[7] Lipetz, Ben-Ami, Improvement of the selectivity of citation relationship indicators, in: American Documentation, Bd. 16, Nr. 2/1965

[8] Garfield, E., Citation indexes for science (A new dimension in documentation through association of ideas), in: Science, Bd. 122, 15. Juli, 1955

[9] Lotka, A. I., The frequency distribution of scientific productivity, in: G. Washington Academy of Sciences, Bd. 16, 1926

[10] Eri, Jagi, An application of a type of matrix to analyze citation of scientific papers, in: American Documentation, Bd. 16, Nr. 1, 1965

[11] Maksimov, V. V., Psichologičeskie zony v istoriko-naučnych tekstach, in: Problemy dejatel'nosti učenogo i naučnych kollektivov, Leningrad 1968

M. G. Jaroševskij

Der kategoriale Aufbau der Wissenschaft und die Psychologie der Aufnahme von Entdeckungen

Seit der Zeit Platos und Aristoteles' versteht man unter Kategorien Klassen von Begriffen, denen der höchste Verallgemeinerungsgrad eigen ist. Sie erfassen die gesamte Wirklichkeit, den gesamten Reichtum ihrer Zusammenhänge und Beziehungen. Solcher Art sind beispielsweise die Kategorien „Qualität", „Quantität", „Form", „Inhalt" und andere. Man nennt sie gewöhnlich philosophische – oder bei entsprechender Interpretation auch logische – Kategorien, da sie die Arbeit des menschlichen Denkens in all seinen Erscheinungsformen organisieren.

Wir wollen hier nicht auf die verschiedenen Interpretationen der kategorialen Struktur des Denkens eingehen, die in der Philosophie entwickelt wurden. So verschiedenartig diese auch sind, ist ihnen doch gemeinsam, daß sie in einer Kategorie das Universellste und zugleich in unserem Wissen nicht weiter Zerlegbare sehen. Über die philosophischen Kategorien gibt es eine umfangreiche Literatur; gänzlich anders ist es dagegen um die Grundbegriffe der konkreten Einzelwissenschaften bestellt.

Natürlich funktionieren die von der Philosophie untersuchten Kategorien auch im Denken eines jeden Naturwissenschaftlers, wie generell jedes erkennenden Subjekts. Aber die Struktur des Intellekts eines Wissenschaftlers läßt sich nicht einfach als Kombination beziehungsweise Synthese universeller philosophischer Kategorien und spezieller Begriffe derjenigen konkreten Dinge, die der Wissenschaftler beobachtet, experimentell umformt, mißt und beschreibt, darstellen.

Jede Wissenschaft verfügt über ihre allgemeinsten Begriffe, ihre Kategorien; diese machen ihre kategoriale Struktur aus. Solche Kategorien sind beispielsweise in der Neurophysiologie der Begriff des Reflexes, in der Psychologie der Begriff der Motivation usw. Ihre Allgemeinheit, bezogen natürlich nicht auf die gesamte Wirklichkeit, sondern lediglich auf einen bestimmten Sektor – das Nervensystem im Falle des Reflexes, das psychische Leben im Falle der Motivation usw. –, verleiht ihnen den Status von Kategorien.

Jede Wissenschaft operiert mit einem Komplex miteinander zusammenhängender Kategorien. Beispielsweise besteht zwischen der Kategorie des Reflexes und denen des Reizes, der Selbstregulation, der Adaptation und anderer ein innerer Zusammenhang. Diese Zusammenhänge berechtigen uns, von der Struktur, dem System oder auch dem „Netz“ von Kategorien zu sprechen und nicht einfach von ihrer Gesamtheit.

Man kann unterschiedlicher Meinung darüber sein, welche Kategorien das Gesamtsystem bilden und wie sich dessen einzelne Komponenten zueinander verhalten. Nur eine detaillierte historisch-vergleichende Untersuchung vermag hier eine richtige Antwort zu geben.

Wir kennen keine Einwände gegen die Abgrenzung der philosophischen Kategorien von denen der konkreten Einzelwissenschaften. Jedoch wurden bisher keine irgendwie bedeutsamen Schritte unternommen, um in den konkreten Einzeldisziplinen die kategorialen Grundlagen der geistigen Tätigkeit zu klären.

Der Erforschung der philosophischen Kategorien, ihrer Natur, Anzahl, hierarchischen Ordnung und Evolution, galten die Bemühungen ganzer Generationen von Denkern. Über den kategorialen Aufbau der Einzeldisziplinen liegt hingegen nur ein recht spärliches Material vor. Indes ist gerade dies eines der Schlüsselprobleme der Wissenschaftswissenschaft, das zur Klärung zahlreicher Erscheinungen, die es in der Tätigkeit des Wissenschaftlers gibt, darunter auch die Besonderheiten der Aufnahme neuer Ideen und Entdeckungen durch die wissenschaftliche Welt, beitragen kann. Das grundlegende Interesse der wissenschaftlichen Welt konzentriert sich gewöhnlich auf Urteile und Schlußfolgerungen gegenständlichen Charakters und nicht auf deren kategoriale Grundlagen. Den Wissenschaftler interessiert, ob eine entdeckte Erscheinung der Wirklichkeit entspricht, welchen Zuverlässigkeitsgrad eine neue Theorie oder Hypothese hat, ob sich ein Forscher irrt, oder ob er ein künstliches Gebilde für ein Stück Wirklichkeit ausgibt usw.

Eben diese konkreten Fragen und nicht die Probleme der kategorialen Struktur des gewonnenen Wissens interessieren die wissenschaftliche Öffentlichkeit vor allem. Wird beispielsweise die Hypothese aufgestellt, daß der Farbempfindung durch das menschliche Auge eine unterschiedlich starke Erregung der drei Hauptfasern des Sehnervs zugrunde liegt, so geht die Diskussion um die Frage, ob man mit Hilfe dieser Hypothese die bekannten Fakten hinreichend erklären kann und nicht darum, welche ihre kategorialen Grundlagen sind. Wenn ein Psychologe mitteilt, daß er im Gehirn ein Zentrum entdeckt hat, dessen Funktion es ist, Muskelreaktionen zu hemmen, so geht es bei der Aufnahme dieser Entdeckung wiederum um die Frage, ob ein solches Zentrum wirklich existiert oder nicht. Die durch die Einführung des Begriffes „Hemmung“ verursachte Verschiebung im kategorialen „Netz“ des Denkens bleibt hingegen vorerst unbeachtet. Dennoch sind solche kategorialen Verschiebungen ebenso Realität wie die entdeckte Erscheinung selbst. Das beweisen die historischen Fakten, insbesondere aber die Tatsache, daß es bei der Bewertung und Interpretation einer entdeckten Erscheinung immer wieder zu Diskrepanzen kommt.

Als erste These hatten wir formuliert, daß wir in der kategorialen Denkstruktur des Wissenschaftlers zwei Ebenen zu unterscheiden haben: die philosophische und die einzelwissenschaftliche. Unsere zweite These lautet: Die kategoriale Struktur des wissenschaftlichen Denkens ist von der Menge der konkreten Begriffe, in denen sie zum Ausdruck kommt, zu unterscheiden. So war beispielsweise bei Descartes die Kategorie des Reflexes mit dem Begriff der „Lebensgeister“ (kleinster feuerähnlicher Teilchen) verknüpft sowie mit der Vorstellung, daß sich das Muskelvolumen bei einer Reflexhandlung vergrößert, oder mit der Hypothese von einer „Drüse“, die im Gehirn vibriert und die Wechselwirkung zwischen der materiellen und der geistigen Substanz bewirkt usw. Alle diese Vorstellungen (wie auch die Auffassung, daß die „Lebensgeister“ ähnlich den Lichtstrahlen vom Gehirn zu den Muskeln gespiegelt werden) wurden später von den Physiologen widerlegt. Die Entdeckung des Reflexcharakters des Verhaltens (also die Aufstellung der Kategorie des Reflexes) bleibt jedoch ein für allemal eine der Hauptleistungen des Descartesschen Denkens.

Indem wir die Kategorien des wissenschaftlichen Denkens von der Menge der konkreten Vorstellungen und Begriffe abheben, mit denen es operiert, erhalten wir die Möglichkeit, einige wesentliche Besonderheiten der Aufnahme neuer Ideen zu erklären. Eine Kategorie erscheint ja weder dem einzelnen Forscher noch der Welt der Wissenschaftler insgesamt in „reiner“ Form, sondern ist stets mit einer Menge ganz unterschiedlicher konkreter Schemata und Vorstellungen verknüpft. Diese sind denn auch das erste Objekt der Aufnahme und Kritik.

Das Reflexschema von Descartes beispielsweise war wegen seiner hypothetischen, durch die Erfahrung nicht bestätigten, ja ihr sogar widersprechenden Annahmen sofort heftigen Angriffen ausgesetzt. Speziell betraf dies die Konzeption der „Lebensgeister“. Ging man von Beobachtung und Experiment aus, so ließ sich nicht nachweisen, daß es im Organismus eine besondere Substanz gibt, die die Tätigkeit des Nerven- und des Muskelsystems miteinander verbindet und zugleich der physiologische Träger von Empfindungen, Wahrnehmungen und anderen psychischen Akten ist. Die Behauptung Descartes', daß sich das Muskelvolumen bei Kontraktion vergrößere, war bald durch exakte Experimente widerlegt. Die einzelnen Komponenten seines Schemas wurden eine nach der anderen widerlegt. Das Ergebnis war eine eigenartige Situation. Keiner der späteren großen Reflexforscher hat sich als Nachfolger von Descartes verstanden: weder Haller, noch Prochaska, Johannes Müller oder Sečenov. Sie alle hatten ihren Anteil an der weiteren Ausarbeitung der Kategorie des Reflexes, die in die Naturwissenschaft eingegangen war, nachdem Descartes den Reflexcharakter körperlicher Reaktionen entdeckt hatte, nachdem aber gefunden war, daß die Arbeit der Muskeln keine seelischen Fähigkeiten und Kräfte zum Ursprung hat, sondern eine ihrem Charakter nach physikalische Weitergabe einer äußeren Reizwirkung über die sensorischen Nerven und das Gehirn zum Bewegungsapparat des betreffenden Muskels darstellt.

Diese Entdeckung war der Kernpunkt der wissenschaftlichen Physiologie. Und dennoch wurde sie lediglich auf der „Tiefenebene", auf der Ebene der Kategorien, wahrgenommen, ohne daß sich die nachfolgenden Generationen von Physiologen ihrer Abhängigkeit von der Entdeckung Descartes' bewußt geworden wären. In ihrem Bewußtsein blieb vielmehr etwas anderes haften: die Komponenten des Descartesschen Schemas waren spekulativ und phantastisch. Es ist erstaunlich, daß Sečenov seine Arbeit „Die Reflexe des Großhirns" [5] zwar mit der Feststellung einleitet, daß die Idee der maschinellen Organisation des Gehirns eine Schatzkammer des Naturwissenschaftlers ist und daß er wie Descartes die „Hirnmaschine" mit einem Uhrwerk vergleicht, ohne auch nur in einer einzigen seiner zahlreichen physiologischen Untersuchungen den Namen Descartes zu erwähnen.

Diese Tatsachen lassen zu Recht vermuten, daß die Aufnahme wissenschaftlicher Ideen ein sehr komplizierter Prozeß ist. Das kategoriale Gerüst der Ideen von Descartes wurde von den nachfolgenden Physiologengenerationen aufgenommen; diese Aufnahme erfolgte jedoch unbewußt. Auf der Ebene des Bewußtseins betrachtete die Mehrheit der Forscher die Lehre von Descartes als eine der Wirklichkeit völlig fremde, rein spekulative Konstruktion, die ihre Wurzeln in einer dualistischen Auffassung vom Menschen hatte.[1]

[1] Lediglich ein einziger Naturwissenschaftler des 17. Jahrhunderts, der berühmte dänische Anatom und Vertreter der introphysikalischen Schule Stenson, stellte fest, daß die historische Bedeutung der Descartesschen Theorie nicht in den konkreten wissenschaftlichen Vorstellungen vom Gehirn liegt, sondern in der Idee, daß das Gehirn in der Art einer Maschine funktioniert.

1874 machte T. H. Huxley darauf aufmerksam, daß eine „Reihe von Thesen, die die Grundlage und das Wesen der modernen Physiologie des Nervensystems ausmachen, voll in den Arbeiten von Descartes ausgedrückt und dargestellt sind“ [1, S. 556]. Zu diesen Thesen rechnete Huxley auch die Entdeckung des Reflexes: Bewegungen in den sensorischen Nerven setzen sich über das Gehirn in Bewegungen der motorischen Nerven um. Aber selbst nach diesem Eintreten Huxleys für Descartes zweifelten immer noch verschiedene Autoren seine Verdienste auf diesem Gebiet an. „Descartes“, so führt Fearing aus, „schreibt man die Entdeckung des reflektorischen Aktes zu. Es wäre wohl richtiger davon zu sprechen, daß er als erster eine systematische theoretische Diskussion des Phänomens der unwillkürlichen Aktion veröffentlichte“ [2, S. 26].

Das Phänomen der unwillkürlichen Aktion ist in den medizinischen Abhandlungen seit dem Altertum immer wieder zur Sprache gebracht worden. Descartes erklärte es jedoch prinzipiell anders als seine Vorgänger. Er sah in ihm den Ausdruck eines allgemeinen Prinzips, das später als reflektorisches Prinzip bezeichnet wurde. Um dieses Prinzip erhärten zu können, mußte eine neue Auffassung vom Organismus sowie vom Medium und Charakter der Wechselbeziehungen innerhalb des Organismus entwickelt werden. Die Kategorie des Reflexes war der Ausdruck dieser neuen Auffassung. Aber, so wird oft gefragt, ist diese neue Kategorie nicht lediglich eine Übersetzung der allgemeinen Kategorie der Kausalität in die Sprache einer wissenschaftlichen Einzeldisziplin, in diesem Falle die der Physiologie? Vielleicht war das Reflexmodell von Descartes ein Hybrid einer philosophischen Idee und der Gesamtheit der konkreten Ansichten über das Funktionieren des Organismus? Dann bestünde keinerlei Notwendigkeit, nach einer zusätzlichen „Zwischenschicht“ zwischen den philosophischen Kategorien und den speziellen Begriffen der Naturwissenschaften zu suchen.

Die historischen Erfahrungen der Naturwissenschaften besagen jedoch etwas anderes. Die Kategorie des Reflexes ist nicht eine bloße Verkörperung des Prinzips des Determinismus, also nicht nur eine Projizierung des Kausalitätsprinzips auf eine Einzeldisziplin. In ihr drücken sich vielmehr die generellen und charakteristischen Besonderheiten der neuro-psychischen Wechselwirkung zwischen Lebewesen und Umwelt aus, die nicht für beliebige Formen kausaler Zusammenhänge in der Natur allgemein gelten. Eine detaillierte Untersuchung der Frage des kategorialen Aufbaus der Wissenschaft lenkt uns aber vom Hauptthema ab. Hier ist die Aufmerksamkeit vor allem darauf zu richten, wie die Aufnahme einer Entdeckung von der kategorialen Struktur, die in der aufnehmenden wissenschaftlichen Umwelt dominiert, abhängt. Die Klärung dieser Abhängigkeit wird dadurch erschwert, daß eine Veränderung in den wissenschaftlichen Kategorien, wie wir bereits ausgeführt haben, nicht so offen im Blickfeld der wissenschaftlichen Welt liegt wie die Veränderungen der Begriffe von den realen Erscheinungen, auf die das Denken des Forschers unentwegt gerichtet ist.

Es bedarf spezieller zusätzlicher Anstrengungen, wenn man sich von Überlegungen über natürliche Dinge auf die höhere Ebene der Reflexion erheben und versuchen will, eine Entdeckung zu verstehen (aufzunehmen, zu bewerten), die nicht einzelne Phänomene und Effekte betrifft, sondern einen bedeutend breiteren Aspekt der zu untersuchenden Wirklichkeit.

Indessen ist gerade eine Entdeckung im Bereich dieses umfassenderen (kategorialen) Aspekts von besonderem Wert für den Fortschritt der Wissenschaft. Das Phänomen des Reflexes – des bedingten wie des unbedingten – wurde bereits Jahrhunderte vor Descartes und Pavlov beschrieben. Bei Galenus findet sich sowohl die Beschreibung des Pupillenreflexes als auch der bedingt-reflektorischen Speichelabsonderung (bei Erblicken der Nahrung „fließt der Speichel").

In einem seiner Fragmente beschreibt Leonardo da Vinci den Pupillenreflex wie folgt: Die Natur hat „dafür gesorgt, daß das Sehvermögen, sobald es durch grelles Licht beeinträchtigt wird, die Pupille des Auges verengert und daß es umgekehrt, wenn es durch verschiedene Dunkelheitsgrade beeinträchtigt wird, diese Sehöffnung erweitert, gleichwie die Öffnung eines Geldbeutels ... Und die Natur schafft hier fortwährend einen Ausgleich durch fortwährende Anpassung oder Angleichung, nämlich durch das Vergrößern oder Verkleinern der Pupille im Verhältnis zu den erwähnten Dunkelheits- oder Helligkeitsgraden, denen sie fortwährend ausgesetzt ist" [3, S. 136–137]. Das ist eine genaue Beschreibung des Pupillenreflexes. Die physikalische Reizursache, das Licht, löst eine Antwortreaktion des Augenmuskels aus, die automatisch die für den Organismus günstigste Einstellung herbeiführt. Ist das nicht ein klassisches Beispiel der Selbstregulierung?

Doch selbst die begeistertsten Anhänger Leonardo da Vincis werden ihm kaum die Entdeckung des Reflexes und des Prinzips der Selbstregulierung zuschreiben. Und dies natürlich nicht deshalb, weil die Beobachtungen Leonardos, die in Spiegelschrift aus seinen Notizen entziffert werden mußten, jahrhundertelang niemandem bekannt waren.

Leonardo da Vinci hatte genauso wie vor ihm Galenus eine konkrete

Erscheinungsform des reflektorischen Verhaltens beschrieben. Leonardo hatte sogar Experimente mit Fröschen, denen er die Köpfe abgetrennt hatte, durchgeführt. Dennoch hatte niemand vor Descartes vermocht, jene Wechselbeziehung der Lebenserscheinungen aufzudecken, die in der Kategorie des Reflexes ausgedrückt ist. Obwohl sich also viele der Vermutungen von Descartes, so die „Lebensgeister", die „Drüsen" u. a. als Pseudoentdeckungen herausstellten, hat seine Behandlung der Antwortreaktion des Organismus auf einen Reiz eine neue Epoche in der wissenschaftlichen Verhaltensforschung eingeleitet. Es ist deshalb unzulässig, die Entdeckung von Tatsachen der Entdeckung von Prinzipien oder spezielle wissenschaftliche Begriffe den allgemeinen Kategorien gegenüberzustellen. Descartes wäre niemals zu seiner kategorialen Verallgemeinerung gekommen, hätte er sich nicht auf große Leistungen in Form erkannter Fakten auf dem Gebiet der Physiologie stützen können. Andererseits wurde die Entdeckung des Reflexes (als eines Verhaltensprinzips) auf dem Gebiet der Neuro- und Muskelphysiologie zur Richtschnur für die gesamte empirische Arbeit der folgenden Jahrhunderte.

Den Naturwissenschaftlern bot sich jedoch nicht die von Descartes verursachte Veränderung der kategorialen Struktur des wissenschaftlichen Denkens dar, sondern das theoretische Gebäude, dessen Fragwürdigkeit bereits im 17. Jahrhundert erkannt wurde. Deshalb hat keiner von ihnen seine Untersuchungen der Nerven-Muskelreaktionen mit der Entdeckung Descartes' in Beziehung gesetzt. Wir sehen uns hier einem eigenartigen Paradoxon gegenüber, das sich nur enträtseln läßt, wenn man im Fortschritt des wissenschaftlichen Denkens zwei Ebenen unterscheidet: die theoretische und die kategoriale. Unterscheiden heißt nicht Trennen, Gegenüberstellen oder eine andere der Natur der Dinge zuwiderlaufende Operation am Gesamtgebäude des forschenden Denkens vorzunehmen. Für uns ist etwas anderes von prinzipieller Bedeutung: nämlich innerhalb des Prozesses, der gewöhnlich nur global charakterisiert wird, unterschiedliche Ebenen der Organisation auszusondern. Der theoretische Aufbau einer Wissenschaft ist zwar eng mit ihrem kategorialen Aufbau verbunden, aber nicht mit ihm identisch.

Der Verstand des Wissenschaftlers ist auf den objektiven Zusammenhang zwischen den Dingen gerichtet, der der Erfahrung beziehungsweise dem Experiment zugänglich ist. Er konzentriert sich auf die Realität und nicht auf die Mittel und Verfahren zu ihrer Erkenntnis. Erkenntnisse über diese Realität nehmen die Form beschriebener Fakten und theoretischer Thesen an, wobei letztere die Fakten deuten, zueinander in Beziehung setzen und in ihrer Determiniertheit erfassen sollen. Der Fortschritt der wissenschaftlichen Erkenntnis wird gewöhnlich als Fortschritt in der Entdeckung von Fakten und Gesetzmäßigkeiten aufgefaßt. Spricht man von der Aufnahme einer Entdeckung, so denkt man dementsprechend an die Bewertung und Interpretation der von einzelnen Wissenschaftlern festgestellten Erscheinungen und Zusammenhänge durch die wissenschaftliche Welt. Aber jeder Schritt vorwärts bereichert nicht nur die Vorstellungen von der Welt, sondern verändert auch unmerklich das „intellektuelle Organ“, mit dem die wissenschaftliche Gemeinschaft diese Welt begreift, also das kategoriale „Netz“, das sowohl das theoretische als auch das empirische Arsenal der Wissenschaft prägt. Durch dieses Netz werden gewissermaßen die Ströme neuer Informationen „gefiltert“.

Für den Leser wird die These, daß die Unaufgeschlossenheit gegenüber einer Entdeckung die Folge einer Art intellektuellen „Unreife“ des aufnehmenden Milieus ist, kaum eine Offenbarung sein. Wenn die „Zeit reif“ ist, d. h. wenn eine Idee sozusagen „in der Luft liegt“, trifft eine entsprechende Theorie, Hypothese oder Entdeckung sofort auf entsprechenden Widerhall, gewinnt eifrige Anhänger und nicht minder eifrige Widersacher.

Die erste Auflage der „Entstehung der Arten“ von Darwin war bekanntlich an einem einzigen Tage vergriffen. Die Verschiebungen, die im kategorialen Gerüst einer Wissenschaft vor sich gegangen sind, schärfen das Gefühl für Fakten und Theorien, die neuen Tendenzen entgegenkommen. Der kategoriale Aufbau einer Wissenschaft (wie auch des Denkens generell) ist nicht unveränderlich. In seiner Entwicklung lassen sich einander ablösende Stadien beobachten. Ihr historischer Zusammenhang zeigt eine gewisse Gesetzmäßigkeit, die den Charakter der Aufnahme neuer Ideen bestimmt. Die Kategorie des Reflexes hat in einigen Jahrhunderten eine wesentliche Evolution durchgemacht. Bereits im 17. Jahrhundert sind die Ansätze für eine neue Auffassung von den Nerven- und Muskelreaktionen zu erkennen, die jedoch zunächst unbemerkt blieben. Neben der Lehre vom Reflex war, wie sich später herausstellte, die Entwicklung der Lehre vom Reiz der entscheidende Beitrag dieses Jahrhunderts zur Ausarbeitung der Neuro-Muskelphysiologie. Ein Pionier auf diesem Gebiet war der hervorragende englische Arzt und Denker Glisson. Durch experimentelle Prüfung konnte er die Behauptung Descartes', daß sich das Muskelvolumen bei Kontraktion vergrößert, widerlegen. Scheinbar handelte es sich hierbei lediglich um eine Teilhypothese, die nicht die Grundlagen der Theorie von Descartes berührte. In Wirklichkeit stellten die

Glissonschen Untersuchungen jedoch die gesamte Konzeption der „Lebensgeister" in Frage, nach der die Muskelkontraktion als Hinzufügung einer Substanz erklärt wurde, die über die Nervenbahnen in die Muskeln gelangt. In einem einzigen Versuch konnte Glisson die Unhaltbarkeit der mechanistischen Auffassung nachweisen, und er stellte im Gegenzug die These auf, daß sich die Muskelfasern auf Grund einer „inneren Lebensbewegung" verkürzen, ohne auf den Zufluß von „Geistern" angewiesen zu sein. Die Fähigkeit der Muskeln, auf einen Reiz mit einer „inneren Lebensbewegung" zu reagieren, bezeichnete Glisson mit dem Terminus „Reizbarkeit". Der Entdeckung Glissons blieb jedoch die Anerkennung versagt, und sein Begriff war bereits im 17. Jahrhundert wieder vergessen. Der bekannte Physiologe Foster erklärt dies damit, daß die Konzeption Glissons philosophischer Natur war. „Die Idee", so schreibt er, „mußte in der engen Form ausgeführt sein, die ihr Haller gegeben hatte, um in der Physiologie verstanden und anerkannt zu werden" [4, S. 258].

Es dauerte also ein ganzes Jahrhundert, bevor die Entdeckung Glissons von der wissenschaftlichen Welt aufgenommen wurde. Die Experimente Glissons hatten zwar die mechanistischen Prämissen der Lehre Descartes' zerschlagen, doch fand die von Glisson selbst gegebene Erklärung der Eigenschaften der Muskelfasern keine Aufnahme bei seinen Zeitgenossen. Warum? Die Lösung liegt unseres Erachtens in den Besonderheiten des kategorialen Aufbaus des damaligen Wissens von den Lebenserscheinungen. Glisson war seiner Zeit vorausgeeilt. Er hatte in das physiologische Denken Ideen eingebracht, die ein höheres Niveau der kategorialen Entwicklung darstellten. Im 17. Jahrhundert war das einzig mögliche Herangehen an physiologische Prozesse, sie nach dem Vorbild der Begriffe der Mechanik zu erklären. Dieses Herangehen hatte auch die Behandlung des Reflexes durch Descartes bestimmt. Die empirische Begründung dieser Auffassung konnte zwar bald widerlegt werden, aber die Vorstellung, daß der Muskeltätigkeit die gleichen Prinzipien wie maschinellen Einrichtungen zugrunde liegen, hatte im wissenschaftlichen Denken festen Fuß gefaßt.

Glisson hatte mit seiner Entdeckung der „Reizbarkeit" ein neues Prinzip eingeführt. Die Kategorie des Reflexes mußte nun eine Wandlung erfahren. Aber die geistige Atmosphäre war so beschaffen, daß jedes Abweichen von der Linie Descartes als Verrat am Determinismus und als Rückkehr zu vitalistischen Ansichten aufgefaßt wurde, deren Überwindung eben erst zu wissenschaftlichen Kenntnissen über den Organismus geführt hatte. So verstrich fast ein ganzes Jahrhundert, bevor sich die Entdeckung der Eigenschaften des Muskelgewebes, die auf eine spezifische Determiniertheit der Lebenserscheinungen schließen ließen, einen festen Platz in der Physiologie erobert hatte. Im Verlaufe dieses Jahrhunderts vollzogen sich auch jene kategorialen Veränderungen, die eine neue Phase in der Ausarbeitung der konkreten wissenschaftlichen Vorstellungen vom Reflex einleiteten. Wenn wir einen kurzen Blick auf die nachfolgende Entwicklung dieser Vorstellungen werfen, so stellen wir fest, daß wiederum die kategorialen Schemata und nicht die Mängel im logischen Denken jene Barriere bildeten, die der adäquaten Aufnahme neuer Ideen im Wege stand. So blieben beispielsweise die neuen Ideen Sečenovs lange Zeit unverstanden, weil seine Lehre vom Reflex durch das Prisma des „traditionellen" Reflexbogens aufgenommen wurde. Die Priorität Sečenovs wurde zunächst darin gesehen, daß er das Prinzip des Reflexes auf das Großhirn übertragen hatte, obwohl in Wirklichkeit nicht die Erweiterung des Wirkungsbereichs der Reflexwege, sondern ihre grundlegend neue Interpretation für den genialen Höhenflug seiner Gedanken bestimmend war. Diese Interpretation bedeutete, daß die Kenntnisse vom Reflex auf der kategorialen Ebene einen Wandel erfuhren. Erst mit der Entwicklung der Kybernetik wurde klar, daß Sečenov die Kategorie des Reflexes um das Prinzip des Signals und die Idee der Rückkopplung bereichert hatte.

In den von uns untersuchten Fällen handelte es sich um große Entdeckungen und Ideen. Es ist jedoch offensichtlich, daß der kategoriale Apparat ununterbrochen und in allen Fällen arbeitet; er beeinflußt die Aufnahme oder Ablehnung neuer Informationen in jedem Zeitpunkt, in dem der Forscher seine Tätigkeit ausübt. Will man auf diesen Apparat Einfluß gewinnen, um die wissenschaftliche Tätigkeit optimieren zu können, so muß man die Struktur und die Einrichtung dieses Apparates kennen. Dies ist ein Problem, das zu lösen speziell der Wissenschaftswissenschaft aufgegeben ist.

Literatur

[1] Huxley, T. H., On the hypothesis that animals are automata and its history, in: Fortnightly Review, 1874

[2] Fearing, F., Reflex action, Baltimore 1930

[3] Leonardo da Vinci: Tagebücher und Aufzeichnungen. Leipzig 1952

[4] Foster, M., Lectures on the history of physiology, Cambridge 1901

[5] Sečenov, I. M., Refleksy golovnogo mozga, Moskau 1926

Namensregister

Kolibri 360 GmbH
Ferdinand-Jühlke-Straße 7
99095 Erfurt, Deutschland
produktsicherheit@kolibri360.de